吉林省普通本科高校省级重点教材

高等院校艺术设计专业精品系列教材
"互联网＋"新形态立体化教学资源特色教材

数字媒体
艺术形态构成

秦旭剑　徐　欣　傅皓玥　编著

中国轻工业出版社

图书在版编目（CIP）数据

数字媒体艺术形态构成／秦旭剑，徐欣，傅皓玥编
著. —北京：中国轻工业出版社，2023.3
ISBN 978-7-5184-4288-1

Ⅰ. ①数… Ⅱ. ①秦… ②徐… ③傅… Ⅲ. ①数字
技术—多媒体技术—应用—设计—研究 Ⅳ. ①TB21-39

中国国家版本馆 CIP 数据核字（2023）第 005316 号

责任编辑：毛旭林

文字编辑：梁若水　　　　　责任终审：劳国强　　整体设计：锋尚设计
策划编辑：毛旭林　梁若水　　责任校对：朱燕春　　责任监印：张　可

出版发行：中国轻工业出版社（北京东长安街6号，邮编：100740）

印　　　刷：艺堂印刷（天津）有限公司

经　　　销：各地新华书店

版　　　次：2023年3月第1版第1次印刷

开　　　本：870×1140　1/16　印张：9

字　　　数：200千字

书　　　号：ISBN 978-7-5184-4288-1　定价：49.80元

邮购电话：010-65241695

发行电话：010-85119835　传真：85113293

网　　　址：http://www.chlip.com.cn

Email：club@chlip.com.cn

如发现图书残缺请与我社邮购联系调换

210129J1X101ZBW

序一

20世纪60年代，计算机美术兴起于欧洲，逐渐传播到全世界，并不断发展，成为一门富有特色的应用学科和艺术表现形式，开创了艺术设计领域的新天地。进入21世纪，计算机信息技术和网络信息技术的发展有效推动了多媒体技术的发展，也促使数字媒体艺术成为艺术创作的新手段，在传统艺术表现方法的基础上，融合了计算机技术、网络技术、数据信息处理技术等先进的技术手段。数字媒体艺术渐渐拥有了其独特的表达方式与艺术语言，对人们的思维方式和审美方式产生了潜移默化的影响。在拓展人们的视野、提升艺术欣赏能力和审美品位的同时，数字媒体艺术也影响了传统的设计理念和创作方式。

随着我国数字媒体艺术教育的不断发展，数字媒体艺术专业在课程体系、教学内容、学习手段、学习模式等方面都有了新的变化。为了促使高校数字媒体艺术专业能够长久发展，本书从三个方面进行了有益的尝试与探索：其一，如何提高教师的综合素养、创新意识，使之拥有足够的实践经历及教学经验；其二，如何促进学生自主学习，培养其良好的创新思维和崇高的志向，将所学运用到设计实践当中；其三，如何构建以上两者的联系，总结归纳出具有知识性和实践性的专业课程和教材。新技术、新艺术呼唤着新思维、新理论，课程和教材的高度结合可以使学生和教师在设计实践中实现探索与创新。

由我院多年教学经验总结和转化完成的这本《数字媒体艺术形态构成》，运用全新的设计思维方法，结合大量的学生实践创作作品，突破传统的训练模式，聚焦数字构成设计的创新。在形式上，总结出一套新的适用于数字媒体、视觉训练的方法，融合多个专业方向，在把握传统构成规律的同时，强化视觉呈现上的多元变化，能够更加全面地激发出学生的创新潜能。本书在教学思想和观念上进行了变革，同时对学习方法、创作技巧、创意思维等方面进行了更新，将优秀传统文化元素融入艺术创作中，旨在提升学生的文化修养，树立文化自信，践行文化传承，助力中华民族伟大复兴。我们相信本书能帮助学生奠定良好的专业基础，构建良好的学习氛围，用更开阔的视野培养合格的数字媒体艺术专业人才，更好地促进数字媒体艺术专业的建设与发展。

梁岩（吉林艺术学院新媒体学院院长）

前言

随着时代的发展，计算机普及后，数字技术不断变革、日渐完善，数字媒体艺术将技术与艺术相结合，渐渐融入人们的生活中，成为重要的设计表达形式之一。数字媒体艺术可以通过计算机双向传播，真正体现了新时代数字化的特征，提升了媒体的传播效率，加快了人们接受新信息的速度。同时，数字媒体艺术也超越了许多传统艺术形式，它超越了传统视觉设计中图形和色彩的呈现形式，注重在作品中打造一种对平面、色彩、空间等因素综合运用的"数字感"。作为新的艺术形式，数字媒体艺术不仅能更大限度发挥各种视觉元素的作用，还有传播方式的优势，能将更加形象、立体、多元的效果展现在观众面前，丰富人们的生活。当下，传统的教学课程内容已经不能满足新的教学需求，尤其在互联网技术高速发展的时代背景下，应立足中国特色社会主义伟大实践，把握世界文化艺术发展新格局，课程体系更需要随着时代发展进行革新。

本书是一本介绍数字媒体艺术形态构成基础知识的教材，侧重讲授数字媒体艺术形态构成下的课堂训练方法与设计案例解析，在传统平面构成规律的基础上，通过创意思维、联想引导、数字手段、规律运用等训练方法，以艺科融合、产教融合、科教融合为主线，引导学生进行创新性作品设计，使设计作品的种类与形式呈现出多元化的态势。本书反映了当代设计实务的多样性，在编写中注重课程的循序渐进：由基础理论到课堂练习，由设计案例到知识点，由简单练习到综合训练，由静态练习到动态练习，由手绘制作到数字制作，形成了一套行之有效的方法链。本书共分为五个章节：第一章系统介绍数字媒体艺术形态构成的规律性原理，讲述形态构成的概念、方法与表现形式等内容；第二章至第四章是数字构成形态与训练，内容覆盖构成常见的表现形式，如平面形态构成、空间形态构成、数字形态构成等内容，案例作品构思精彩、趣味盎然、信息丰富，突破了传统的训练模式，形成一种全新的设计方法；第五章为优秀构成设计作品赏析，书中对每件作品都进行了构成语意的分析与解读。这五个章节涵盖了广义的设计范畴，但重点聚焦在数字构成设计上，书中的设计方法既是一种视觉语言，也是一种工具和设计媒介。概念的构成意义在于将创意视觉化，将形式创新作为创意过程中最重要的元素，使视觉呈现得到升华。本书对数字媒体艺术的基本构成和表达形式进行分析，希望能够有助于数字媒体艺术的发展探索。

本书具有鲜明的时代特色和创新性，作为教学与设计实践参考用书，内容完整系统、易学易懂、专业性强，既适用于数字媒体艺术专业，又适用于传统的平面设计专业教学使用，培养和造就优秀的青年艺术人才。本教材是笔者在设计与教学中的经验总结，是教学模式的构建与教学理念的传达，是创作思维以及创作方法的展示。学生们在课程的学习和实践中潜移默化把中国式现代化的精神内涵融入审美意识，推进文化自信自强。全书致力于帮助学生拓宽审美视野、提升专业修养，让"数字媒体艺术形态构成"成为传统"平面构成"的理念创新和形式拓展。

秦旭剑

目录 一

课时安排

（建议课时80）

章节		课程内容	课时
第一章 数字媒体艺术概述 （4课时）	第一节 数字构成的概念	一、数字构成的定义	2
		二、数字构成的形式	
		三、数字构成的制作方式	
	第二节 构成的方法与表现形式	一、构成	2
		二、构成的艺术特征	
		三、构成的形式美法则与表现形式	
第二章 基础能力训练 ——基本形 （24课时）	第一节 基本形构成训练 ——图像	一、基本形	8
		二、基本形图像构成	
	第二节 基本形构成训练 ——抽象训练	一、抽象构成	4
		二、数字抽象构成	
	第三节 基本形构成训练 ——特定主题	一、主题：包豪斯100周年	8
		二、主题：建党100周年	
	第四节 构成基本要素	一、视觉元素的分类	4
		二、形的分类	
		三、形的正与负（图与底）	
		四、点、线、面	
第三章 基础能力训练 ——复合形 （16课时）	第一节 复合	一、基本形复合	8
		二、图像复合	
		三、基本形组合关系	
	第二节 解构	一、打散、提炼、重构	8
		二、定义	

章节	课程内容		课时
第四章 构成能力训练 （32课时）	第一节　构成表现形式	一、重复	8
		二、近似	
		三、渐变	
		四、发射	
		五、特异	
		六、对比	
		七、密集	
		八、肌理	
	第二节　综合构成训练	一、自由主题	8
		二、特定主题	
	第三节　空间构成	一、空间构成方式	8
		二、空间构成训练	
		三、矛盾空间构成训练	
	第四节　动态构成	一、动态构成规律	8
		二、动态构成思维	
		三、动态构成方式	
第五章 优秀作品欣赏 （4课时）	第一节　装置作品		4
	第二节　三维作品		
	第三节　海报作品		

随着科技的快速发展，传播媒介发生了巨大的变革，由原来的纸质、影像化向数字化、多样化转变。同时，设计类作品的呈现不再局限于平面、空间等维度，而向更加丰富的数字多元化表现形式拓展。数字媒体作为现代化的呈现介质，在人们的生活中占据着越来越重要的地位，它的普及改变了传统媒体的传播形式，使传播辐射范围更广、传播方式更便捷、传播形式更多样。

数字媒体是以信息技术为载体、以大众传播理论为依据、以现代艺术为指导的传播媒体。它将信息传播应用到文化艺术、商业、教育和管理等领域。数字媒体也称为"多媒体"，它是科学与艺术高度融合的一个交叉学科，具有数字化、即时性、非线性、交互性、智能、虚拟、沉浸等特征。

数字时代的到来产生了多种新的艺术形态，运用数字媒体技术、信息技术进行艺术加工和创作的数字媒体艺术应运而生。在形式上，这些通过数字媒介和数字化手段表现的艺术作品，一方面利用新的媒介和手法，保留或复现已有的艺术样式；另一方面通过媒介或技术呈现出全新的艺术样式，带给人们全新的审美体验。同时，艺术的创作过程也发生了巨大变化，无论是艺术体验、艺术构思还是艺术传达，都可以运用数字化手段。数字媒体艺术应用领域非常广泛，是视觉艺术、信息设计、界面设计、交互设计、动画、游戏、虚拟现实等方面的综合展现。如数字化的文字、图形、图像、声音、影像、交互和动画等多媒体表现形式改变了人们对传统媒体的印象，极大地拓展了艺术设计的视觉审美领域，丰富了设计思维及表现手法，也使人们的生活形式更加多样。数字媒体不同的展示平台也带动着视觉设计向多元化的方向发展。在传播方式上，由单一的传播方式逐渐向多元化方式转变，移动终端设备的普及使人们了解艺术和获取艺术的途径更加便捷，互联网的飞速发展及广泛应用也为文化艺术的发展和传播起到强力的推动作用。

作为数字媒体艺术的基础课，也应随时代发展不断改进，以适应传播形式的更新。同时课程在设置时要注重以美育人、以文化育人，提高学生审美和人文素养，引导学生树立正确的艺术观、审美观、价值观，培养学生传承、弘扬中华优秀传统文化的能力。

该课程体系的设计既综合了传统构成规律的课程内容，又具有数字媒体艺术的数字性和交互性等特性，适合数字媒体艺术、视觉传达等专业的同学学习，也希望同学们通过学习，掌握更加多元的设计方法，综合运用到艺术创作中。

书中"数字媒体艺术形态构成"，以下简称"数字构成"。

第一节　数字构成的概念

一、数字构成的定义

　　传统的平面构成课程是研究平面形态学的基础部分，而本书中的数字构成是指以数字设备（计算机及软件）为主要工具，以训练构成思维为目的，以理性的逻辑思维与感性的抽象思维为依据而设计的艺术构成形式。数字构成不是简单地将平面构成内容数字化，而是使构成在表现形式上更加丰富，并融入时间、空间、交互、运动规律等概念，使之呈现出新的、丰富的、既有画面感又有韵律感的形式。既保留了平面构成的审美法则，也加入了更加丰富的构成规律，使视觉呈现更加多样化。

　　数字构成是平面构成由静态到动态的更迭，在平面构成规律的基础上加入了数字性、运动性、时间性等规律特性，运用数字媒介或数字技术手段所呈现的艺术形式，更具数字形态及时代感。人类的视觉感知力是所有感知力中最强的，数字构成是将复杂的视觉感受（形状、运动、空间、颜色等）还原成最基本的视觉要素呈现，偏于数字的美、秩序的美，以数字化设备为媒介导出全新的艺术形态，带给人们全新的审美体验和审美感受。

二、数字构成的形式

　　数字构成是从平面构成单一的绘画呈现形式，向多元化的制作手段转化，在把握传统构成规律的同时强调元素构成要具有更多的交互性、动态性和视觉呈现的丰富性。近几年数字媒体的应用形式越来越丰富，数字化特征越来越明显，在一些静态、动态的作品视觉形式中极大地展现了该特征。通过数字手段制作完成的作品往往是手工难以完成的，如复杂的图形、特殊的肌理效果、动态的表现方法和交互的形式等。

　　再如，分形艺术是数字艺术的一种表现形式，在当今以独特的思维和表现方式著称。分形艺术来源于数学理论，具有整体性、补缺性、对称性和不确定性等艺术特征，其生成往往依赖于计算机技术的支持。分形艺术的魅力在于其以奇异的线条美和色彩美在无序中蕴含着有序、在复杂中蕴含着简单、在变化中蕴含着统一，将人类的想象力带到变化无穷、玄妙莫测的世界中。

　　本书将数字构成作品分为两类，一类为具有数字特征的静态构成作品，另一类为动态的构成作品。静态的构成作品不会随着时间的变化而变化，如文本、图片和图像。动态构成作品内容会随着时间的变化而变化，从而延展了传统平面构成的表现形式。

三、数字构成的制作方式

　　数字构成作品可利用计算机、手绘板、摄影摄像器材等来完成。数字化的制作手段使艺术作品在创作上更加快捷与方便。许多院校将软件的讲授纳入课程范畴，使数字构成课程在开展的过程中更加方便，作业完成度更好。在平面构成作品制作中常使用的二维软件有Adobe Photoshop（简称Ps）、Illustrator（简称Ai），三维软件有Autodesk 3ds Max（简称3D Max）、Cinema 4D（简称C4D），视频软件有Adobe After Effects（简称Ae）、Premiere，音频软件有Adobe Audition等。二维软件在处理图像、图形上功能强大，本书中部分学生作业就是使用了这些软件完成的。三维软件在处理平面构成中的空间构成作品时非常方便。视频软件可以完成动态规律构成的作品，上述软件能够处理并完成动画、图片、文本、视频、声音的编辑加工和制作，最终生成动态影像。

　　在数字作品中，一些作品以静态的形式呈现，如网页设计、数字插画、UI界面和数字出版物等，这些数字作品，在设计时都依据设计、构成规律完成，在此基础上加入交互功能、音效等，形成新的视听效果。一些作品以动态形式呈现，如影视片头和片尾、二维或三维动画设计、数字游戏、交互装置等。这些作品具有时间延续性，如动态影视作品中，一个画面过渡到另一个画面时，中间形成切换的效果等，使画面出现各种变化，这些手法使构成作品具有了动态效果，使画面更具吸引力。传统的静态平面作品，如招贴、字体设计等结合了动态、数字化元素后，其在创作理念及表现形式上更加丰富，并融入时间、空间、体验与运动等概念，成为动态招贴、动态字体，呈现出新的艺术表现形式，视觉效果也更加多样化。（图1-1）

作品视频

策 展 人：孙　博
艺术指导：颜成宇
装置策划：吴　昊　刘红莲
交互设计：吴　昊　张恩齐
视频设计：刘红莲
平面设计：陶雅荷
摄　　影：马鑫淼　王敏琪
装置制作：文天仪　钱敏怡　王春婷
　　　　　王维煜
展览统筹：任　龙　马鑫淼

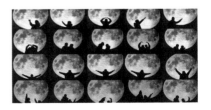

图1-1 沉浸式交互装置作品MOOON

图1-1 作品名中"MOON"指月亮，多出的"O"是创作者想要表达出月亮与人互动呈现的多样性及奇妙的视觉感受。作品通过黑白对比的方式形成极强的视觉冲击力和形式感，表达了人对浩瀚宇宙的无限向往。

第二节　构成的方法与表现形式

一、构成

　　数字构成首先要遵循平面构成的原则与方法，在平面构成的基础上强化数字性。在平面设计中有两种造型类别，即抽象形态与自然形态。这两种形态可以相互结合，用以帮助观者理解形象，加强设计本身形象性的表现力，以此提高设计作品的视觉魅力，使之达到强烈的艺术效果。

　　平面构成主要是研究平面形态学的基础部分，侧重练习抽象几何形在平面上的排列组合关系，并在排列组合中创造新的形态变化，目的是训练设计思维与设计方法，为创作开拓新的设计思路。本课程的训练是将简单的形态构筑成复杂、多变的抽象结构，这不仅是训练方法，更是在培养一种重要的创作理念。构成的过程基本上是由形象上升为概念，是感性到理性思维的一种飞跃，凭借这种概念，再去设计新的形态造型。平面构成是将所有的形态（包括自然形态和抽象形态）在二维平面内按照一定的秩序和法则进行分解、组合，从而构成理想形态的组合形式。平面构成是创意设计训练的基础，它强调形态之间的比例、平衡、对比、和谐、对称、节奏、韵律等，并探求图形如何引导人的视觉以达到情感共鸣，获得审美体验。

二、构成的艺术特征

　　构成是研究形态的各种变化规律，平面构成不是简单地再现具体的物体形象，而是以直觉为基础，强调客观现实的构成规律，把自然界中存在的复杂形态，用最简单的点、线、面进行分解、组合、变化，反映出客观现实所具有的运动规律。它是一种高度强调理性活动的、自觉的、有意识的再创造过程，运用了数学逻辑、视觉反应和视觉效果重新设计，能突出运动规律，表现出超越时间、空间的图形效果。平面构成与传统几何图案的连续纹样有所不同。几何图案的连续纹样是在非常有规律的重复中寻求变化，给人的感觉是平面上产生的规整统一，而平面构成突破了几何图案中的平面时空，增强了画面的运动感和空间感，在平面上产生了起伏、多角度、多层次的视觉效果，在构成中形成了数量的等级增长、位置的远近聚散、方向的正反转折等变化，在结构上整体或局部地运用重复、渐变、特异、发射、密集、对比等表现形式分解组合，构成有组织、有秩序的运动。平面构成还能通过视觉语言对人的心理状态和生理状态产生影响，引发如安静、紧张、轻松、刺激、兴奋、喜悦、痛苦、茫然等感受。

　　数字构成区别于传统的静态平面构成，它既是平面构成的数字化表现，又在平面构成的基础之上增加了动态性、时间性、叙事性的概念，具有自身独特的表现形态。

　　动态性，在我们的教学中主要是指数字构成形态随着时间进行变化的一种属性。

　　时间性，是指数字构成形态在运动过程中所对应的时间参数。

　　叙事性，是指数字构成作品呈现的情节或故事内容，也是一种可以辨认的指示性符号内容。动态的数字构成包含"顺序""时间""视角"三种关系，以不同的出场顺序、不同的时间性限制、不同视觉角度的动态变化，叙述出动态图形在运动变换中所产生的不同的视觉感受与想象空间。

三、构成的形式美法则与表现形式

在现实生活中，人们由于经济地位、文化习俗、生活理想、价值观念的不同，会产生不同的审美追求，然而单从形式条件来评价某一事物或某一造型设计时，对于美或丑的感受在大多数人心中存在着一种共识。这种共识是在人类社会长期生产、生活实践中积累的，它的依据就是客观存在的形式美法则。在人们的视觉经验中，高大的建筑和挺拔的树木都是高耸的，因而在艺术形式上给人以上升、高大、严肃等感受，这些源于生活积累的共识使人们逐渐总结出形式美的基本法则。凡是形象设计，不论是平面设计或是立体设计，都要表现其美感。形式美法则也因此成为一切造型活动不可缺少的重要原则。在西方，自古希腊时代就有一些学者与艺术家提出了美的形式法则理论，例如毕达哥拉斯学派从数的量度中发现的"黄金比例"，被应用于几乎一切艺术作品的领域。对审美的追求与探索是人类永恒的主题，形式美的法则在构成设计的实践上更具重要性。

1．形态构成中的和谐

和谐的广义解释是判断两种以上的要素，或部分与部分的相互关系时，各部分给予人们的感受和意识是一种整体协调的关系。单独的一种颜色、一根线条无所谓和谐，几种要素具有基本的共通性和融合性才能称为和谐。和谐的整体之中也保持着部分的差异性，但当差异性表现强烈和显著时，和谐的格局就要向对比的格局转化。

2．形态构成中的对比

反差很大的视觉元素排列在一起，使人感受到鲜明强烈、具有对立感的现象称为对比。对比关系主要通过视觉形象，如：色调的明暗、冷暖，色相的迥异，形状的大小、粗细、曲直、高矮、凹凸、宽窄、上下、左右、高低、远近，形态的虚实、轻重、动静、软硬等多方面的对立因素来表现，它体现了哲学上矛盾对立统一的世界观。对比法则广泛应用在现代设计当中，用对比的手法使主题更加鲜明，视觉感更加活跃，具有很强的视觉冲击力。

3．形态构成中的对称

对称又名"均齐"，假定在某一图形中央设置一条垂直线，将图形划分为相等的左右两部分，这两部分的形态完全相等，这个图形就是左右对称图形，这条垂直线称为对称轴。若对称轴的方向由垂直转换成水平方向，则变成上下对称。自然界中随处可见对称的形式，如人体、动物、花木的叶子等。对称的形态在视觉上有自然、安定、协调、整齐、完美的朴素美感，符合人们的视觉习惯。假定某一图形，存在一个中心点，以此点为中心通过旋转得到相同的图形，即称为点对称。点对称又有向心的"求心对称"、离心的"发射对称"、旋转式的"旋转对称"及自圆心逐层扩大的"同心圆对称"等。

4．形态构成中的平衡

平衡原指力学上的平衡状态。在生活中，每个人都具备平衡感，所以能直立行走、奔跑、骑自行车等。我们的眼睛习惯于具有平衡感的物象，而缺乏平衡感的视觉会使人紧张和不安。构成设计上的平衡并非实际重量的均等关系，而是根据图像的形象、大小、轻重、色彩等视觉要素的分布作用于视觉判断的平衡，是构成形态的心理感受上的平衡。与对称相比较，平衡更加自由、生动、活泼，富于变化和表现力，在画面上常以中心点、中心线保持形态关系的平衡，平衡是动力和重心对立统一所产生的形态，形态构成中的平衡显示了静中寓动的视觉效果。

5. 形态构成中的比例

比例是局部与局部或部分与整体之间的数量比。人们在长期的生产实践和生活中一直运用着比例关系，并以人体自身的尺度为中心，根据自身活动的经验总结出各种尺度标准，体现于衣食住行的器皿和工具的制造中。比如早在古希腊就已被提出的黄金分割比，该比例目前仍被世界所公认。美的比例是构成中一切视觉单位的大小及各单位间编排组合的重要因素。恰当的比例有一种协调的美感，是形式美法则的重要内容。

6. 形态构成中的节奏与韵律

节奏与韵律是从音乐和诗歌里引入的概念。节奏是音乐中音响节拍轻重缓急的变化和重复，是不同强弱、长短的声音有规律地交替出现的现象。节奏这个具有时间感的用语，在构成设计上是指同一要素连续重复时所产生的运动感。韵律原是指诗歌中抑扬顿挫、和谐悦耳有节奏的声音组合的规律。平面构成中单纯的单元组织重复过于单调，但由有规律变化的形态按比例处理排列构图，就会产生如音乐、诗歌般的节奏旋律感，使画面更加生动、活泼。在视觉造型的领域中，千变万化的造型元素远远多于音乐、诗歌的构成因素，节奏与韵律在构成中具有积极的、自由的表现力。（图1-2）

图1-2 游戏作品《核》/ 崔恩畅 邵兵 刘源 彭朔 徐国君

图1-2 作品使观众在VR设备、实时渲染引擎技术的帮助下体验多维世界，体验"终南阴岭秀，积雪浮云端"的意境，并重构雪的空间感和时间感。作品通过点的疏密、线的变化以及重叠所形成的立体空间，使画面具有节奏与韵律感。

第二章

一 基础能力训练——
基本形

我们在设计和生活中都要具有一双善于发现的眼睛与感知事物形态的能力，要认真地去感受我们身边的世界，对外界信息进行觉察、感觉、注意、知觉等一系列的感知过程，通过捕捉这些生活的镜头，并进行归纳总结，进而通过画面表达出来，这是构成设计需具备的感知能力的构建。分辨物体不同的思维活动能够帮助我们区分相似的事物，而感受物体作用的思维活动能使事物之间建立起联系。感知可分为感觉过程和知觉过程，感觉包含了对信息的接受以及心理作用，知觉包含了对接受信息的理解及组织处理。

我们要善于将看到的、感知到的内容进行设计上的转换，首先需将内容元素进行归纳，其次将点、线、面的形态按照一定的秩序和形式美法则构成新的形态，最终形成完整的设计过程。其中转换的过程就是思维转换的过程，这些过程既是元素由具象逐渐向抽象形态过渡的训练内容，同时也是形象思维向逻辑思维转换的训练内容。这部分着重培养学生的认知能力、分析能力、构成能力、表现能力及创造能力，希望通过下列训练内容能使学生多角度地思考元素之间的关系。

训练内容：基本形设计

基本形是构成中的基本单位，它可以是点、线、面构成的基本形态，也可以是其他形态构成的组合体，既具有独立性，又具有连续、反复的特性。在构成设计中基本形是单纯的、简化的，基本形整体应具有秩序性、统一性。

基本形的设计练习分为三部分：一是借助实物的基本形构成训练，培养将生活中的真实场景抽象构成的能力；二是不借助任何实物抽象构成基本形的训练；三是特定主题基本形训练，赋予基本形一定的主题含义。这三个练习是思维逐步转换的训练，可以循序掌握基本形的设计方法、设计形式；同时也是由具象到抽象、从无到有、由感生意、由意生形的一个递进训练过程，是感知能力不断加深的练习过程。

训练目的：培养由具象向抽象转换的能力。
　　　　　提升形象思维与逻辑思维转换的能力。
　　　　　强化由浅至深递进的设计能力。
　　　　　通过数字设备（计算机等），学习将图像内容进行数字化转化的方法与技巧。

第一节 基本形构成训练——图像

一、基本形

1．练习一

要求：发现、感受、收集、利用生活中的照片、图片设计制作成基本形。基本形既要保持原图风貌，又要具有构成的点、线、面特征，画面要和谐、简练、美观、有韵律。

设计方法：依托原图，从图片内容的表象上入手，深入挖掘其特性及规律，发挥想象，对其进行处理。虽然基本形的特征是单纯的、简化的，但其表现的形式具有广泛性和多样性，通过对原图进行理性分析、感性表达，充分发挥想象力，创造出不同形态的画面形式。（图2-1至图2-10）

图2-1 花卉原图

图2-2 花卉构成图像 / 郑雪莉

图2-3 动物原图

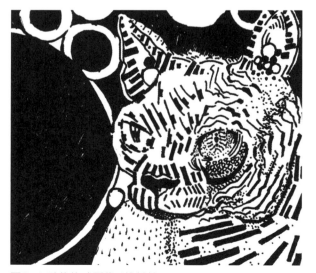

图2-4 动物构成图像 / 钱敏怡

图2-1至图2-4 作品通过点与线对玫瑰花、猫进行明暗表现，画面简洁，规律的组合形式使作品形态丰富新颖，立体感强。不同长短的线将猫身上的褶皱充分展现出来，强化了猫的生理特点。

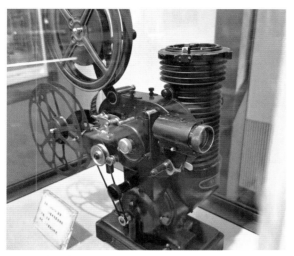

图2-5 摄影机原图

图2-6 摄影机构成图像 / 符芳赫

图2-7 照相机原图

图2-8 照相机构成图像 / 陈天舒

017

图2-9 风景原图

图2-10 风景构成图像 / 魏艺飞

图2-5至图2-10 三组作品通过分析原图的结构，用简化的手法进行概括分割，并用线和面的表现手法增强其立体感。其中，以线的表现力最为突出，图2-10即是通过线状的排列方式将重峦叠嶂的特点表现出来，使画面具有强烈的层次感、立体感。

2. 练习二

要求：针对同一图片进行基本形构成训练，表现形式不少于2种。

设计方法：人与人感知事物的构造和程序相同，但对同一事物又有不同的感受，分辨同一事物时会产生不同的思维活动。在基本形训练的基础上增加训练深度，活跃思维，通过同一元素呈现出不同的形象，再以不同的画面构成形式表现同一事物，使内容既有共性又有特性，既有区别又相互影响。（图2-11至图2-37）

图2-11 街区原图 / 王彦心

图2-12 街区构成图像1 / 王彦心

图2-13 街区构成图像2 / 王彦心

图2-14 画室原图 / 鞠贺

图2-15 画室构成图像1 / 鞠贺

图2-16 画室构成图像2 / 鞠贺

图2-17 花束原图 / 潘天华

图2-18 花束构成图像1 / 潘天华

图2-19 花束构成图像2 / 潘天华

图2-11至图2-19 学生从不同的角度表现画面，打破自己思维的限制和束缚，使作品呈现出新的视觉效果。

图2-20　院落原图／郭星

图2-21　院落构成图像1／郭星

图2-22　院落构成图像2／郭星

图2-23　椅子原图／任璐

图2-24　椅子构成图像1／任璐

图2-25　椅子构成图像2／任璐

019

图2-26　阶梯原图／戎慧颖

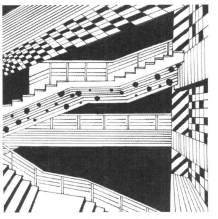

图2-27　阶梯构成图像1／戎慧颖

图2-28　阶梯构成图像2／戎慧颖

图2-20至图2-28　学生以正负形作为表现方式，这是设计中常用到的一种技巧，以此完成的画面感染力更强，更具有张力。

图2-29 楼梯原图 / 丁典

图2-30 楼梯构成图像1 / 丁典

图2-31 楼梯构成图像2 / 丁典

图2-32 茶杯原图

图2-33 茶杯构成图像1 / 李曼婷

图2-34 茶杯构成图像2 / 李曼婷

图2-35 街景原图 / 王慧妍

图2-36 街景构成图像1 / 王慧妍

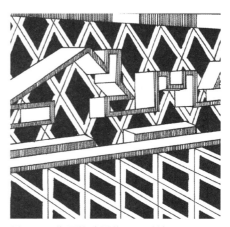

图2-37 街景构成图像2 / 王慧妍

图2-29至图2-37 画面细节能给观者创造更多的思索空间，也会使作品更有深度、更有感染力、更具丰富意蕴。

二、基本形图像构成

通常我们看到的作品都是经过数字艺术加工处理后再应用于各领域，经过处理后的这些作品不仅画面丰富、形态各异，还能够有效、迅速地抓住人们的眼球。因此对照片进行数字化处理的训练也是必须进行的一项重要练习。该部分内容主要训练学生使用计算机完成基本形构成的能力。在照片的基础之上通过软件进行数字化再创作，使作品既具有构成形式、形态之间比例的平衡、和谐、节奏等规律特征，又具有数字化像素特性，完成后的作品给人以一种新的视觉美感。（图2-38至图2-43）

要求：利用图形或图像软件处理图片，完成的作品既要保持原图风貌，又要具有构成的点、线、面特征，画面要和谐、美观、有韵律。

设计方法：Ps与Ai均为Adobe公司开发的平面类软件，这两款软件应用范围广泛，操作简便，易于上手，是数字媒体艺术专业的学生首先应该了解学习的软件。在Ps软件中点的绘制有多种方法，最简便的是使用椭圆选框工具在页面拖动绘画出圆形来，通过该工具可以绘画出不同大小的圆形。Ps软件中的彩色半调也能够使图片画面快速形成不规则的圆形波点，它是模拟在图像的每个通道中使用放大的半调网屏的效果，在通道中滤镜将图像划分为矩形后用圆形替换，圆形的大小根据亮度变化而变化，这种形式在设计中常常使用，制作出的效果应用也十分广泛，如图2-40。这种波点效果制作方法还有很多，如Ai的混合工具也能很好地制作出矢量的波点，滤镜像素化中的晶格化也是很好的点化设计方法等。二维类软件可以制作完成许多设计效果，熟练运用这些软件可以达到丰富多样的效果。

图2-38 故障肖像1 / 王春婷

图2-39 故障肖像2 / 王春婷

图2-40 人物再造 / 曹歌

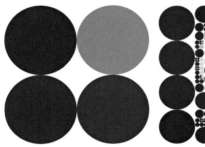
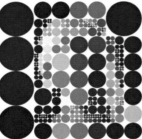
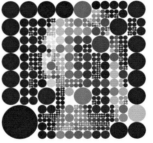

图2-41 渐见 / 蒋慧 文倩倩 王祎霏 王颖 陈剑

图2-42 情绪的表达1 / 刘一铭　　　　　　　　图2-43 情绪的表达2 / 刘一铭

图2-38至图2-43 二维软件效果的使用，使作品能够更加快速、准确地表达作品主题思想。如图2-41是一个交互装置的屏显内容，通过反复触摸显示器画面，画面逐渐清晰，进而展现完整画面的一个过程。通过这种互动，表达许多画家、名画从最初的籍籍无名到后来逐渐被发掘，是一个不断探索的过程。

第二节　基本形构成训练——抽象训练

一、抽象构成

　　抽象图形指的是事物的抽象形态，是从自然形和具象形中剥离出来的独立的基础形态。它既是对前两者图形的概述，也有着更加丰富的表达形式及思想。它是人为的形态，是对形的感觉和意象。基本形抽象构成训练，通过点、线、面的组合排列，使图形具有新的形态与含义，完成一个从无到有的训练过程。抽象的构成练习能使思维更加活跃，它是逻辑思维的呈现，是对事物的本质和客观感受的反映。由于抽象思维具有概括性、间接性、超然性的特点，它能使我们的认知思维超越感觉器官，直接达到感知的层面，这也是思维从感性向理性转化的重要过程。

　　要求：打破几何学中的圆形、三角形、方形三种图形概念，用点、线、面来设计新的圆形、三角形、方形等基本形，新形态要符合构成的形式美法则。

　　设计方法：通过对三种图形进行点、线、面的有序或随机组合，构成新的形态。也可通过对形的想象、夸大、扭曲，打破规律、置换空间，摒弃原有的固定形态，使作品具有更强的艺术表现力和感染力。（图2-44至图2-117）

　　1. 圆形

图2-44 抽象构成训练1 / 王小宣逸

图2-45 抽象构成训练2 / 廉羽佳

图2-46 抽象构成训练3 / 赵阳

图2-47 抽象构成训练4 / 陈朋

图2-48 抽象构成训练5 / 陈朋

图2-49 抽象构成训练6 / 娄启然

图2-50 抽象构成训练7 / 张蒙

图2-51 抽象构成训练8 / 吴蔚然

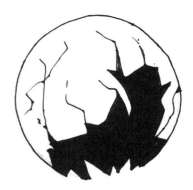

图2-52 抽象构成训练9 / 王岩松

图2-53 抽象构成训练10 / 陈昊

图2-54 抽象构成训练11 / 郭佳妮

图2-55 抽象构成训练12 / 赵凌毅

图2-56 抽象构成训练13 / 孙孟瑶

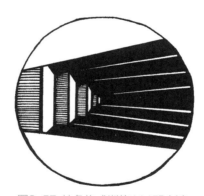

图2-57 抽象构成训练14 / 邓志鸿

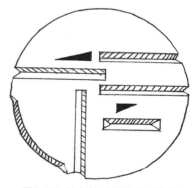

图2-58 抽象构成训练15 / 陈昊

图2-59 抽象构成训练16 / 李明浩

图2-60 抽象构成训练17 / 李明浩

图2-61 抽象构成训练18 / 闫鑫玥

2. 三角形

图2-62 抽象构成训练1 / 邓志鸿

图2-63 抽象构成训练2 / 陈朋

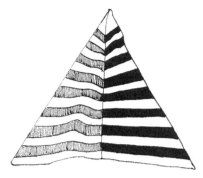
图2-64 抽象构成训练3 / 闫鑫玥

图2-65 抽象构成训练4 / 张博婧

图2-66 抽象构成训练5 / 张竞远

图2-67 抽象构成训练6 / 卢芊若

图2-68 抽象构成训练7 / 冯婉莹

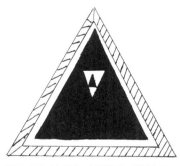
图2-69 抽象构成训练8 / 姜孟卓

图2-70 抽象构成训练9 / 祝婧

图2-71 抽象构成训练10 / 邓志鸿

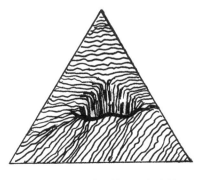
图2-72 抽象构成训练11 / 何彦橦

图2-73 抽象构成训练12 / 李文静

图2-74 抽象构成训练13 / 王小宣逸　　图2-75 抽象构成训练14 / 邓志鸿　　图2-76 抽象构成训练15 / 邓志鸿

图2-77 抽象构成训练16 / 关棋月　　图2-78 抽象构成训练17 / 金路璐　　图2-79 抽象构成训练18 / 孟旭

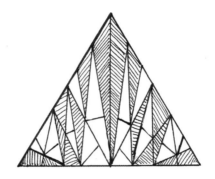

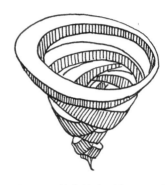

图2-80 抽象构成训练19 / 王小宣逸　　图2-81 抽象构成训练20 / 廉羽佳　　图2-82 抽象构成训练21 / 廉羽佳

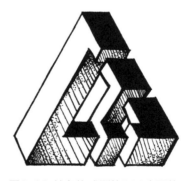

图2-83 抽象构成训练22 / 王小宣逸　　图2-84 抽象构成训练23 / 张博婧　　图2-85 抽象构成训练24 / 俞英奇

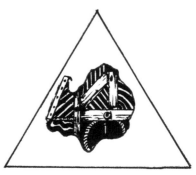

3. 方形

图2-86 抽象构成训练1 / 陈昊良

图2-87 抽象构成训练2 / 冯婉莹

图2-88 抽象构成训练3 / 陈朋

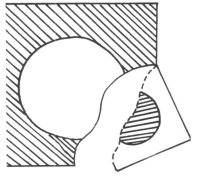

图2-89 抽象构成训练4 / 吴蔚然

图2-90 抽象构成训练5 / 吴蔚然

图2-91 抽象构成训练6 / 王雨晨

图2-92 抽象构成训练7 / 张竞远

图2-93 抽象构成训练8 / 张竞远

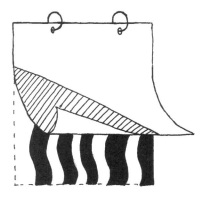

图2-94 抽象构成训练9 / 张竞远

图2-95 抽象构成训练10 / 邓志鸿

图2-96 抽象构成训练11 / 张竞远

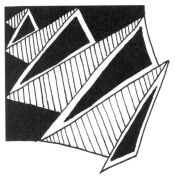

图2-97 抽象构成训练12 / 张竞远

图2-98 抽象构成训练13 / 李明浩

图2-99 抽象构成训练14 / 张博婧

图2-100 抽象构成训练15 / 祝婧

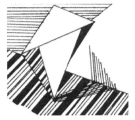

图2-102 抽象构成训练17 / 孟旭

图2-103 抽象构成训练18 / 潘正

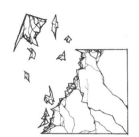

图2-104 抽象构成训练19 / 黄彦霖

图2-105 抽象构成训练20 / 闫鑫玥

图2-106 抽象构成训练21 / 王小宣逸

图2-107 抽象构成训练22 / 杨雅琪

图2-108 抽象构成训练23 / 杨皓玥

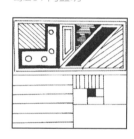

图2-109 抽象构成训练24 / 温馨

图2-110 抽象构成训练25 / 廉羽佳

图2-111 抽象构成训练26 / 杨皓玥

图2-112 抽象构成训练27 / 黄瑞祺

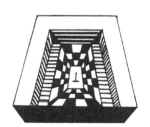

图2-113 抽象构成训练28 / 张蒙

图2-114 抽象构成训练29 / 闫鑫玥

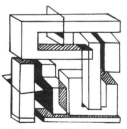

图2-115 抽象构成训练30 / 陈朋

图2-116 抽象构成训练31 / 朱亚南

图2-117 抽象构成训练32 / 孙文

图2-44至图2-117 作品利用点、线、面重新构建了画面，画面形式多样，空间更加延展，具有较强的形式美感。

二、数字抽象构成

随着科技的不断创新，以移动终端为主导的新媒体不断普及，使得人们接受信息的载体发生了翻天覆地的变化。同学们可以根据掌握软件的能力进行不同难度的基本形抽象构成训练，如静态的点、线、面元素组合训练，也可以做动态的具有更多形式变化内容的训练，以熟练掌握抽象元素设计方法。（图2-118至图2-120）

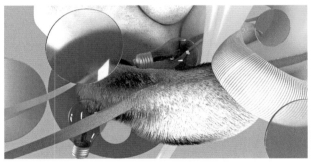

图2-118 课堂练习《混合媒介》/ 唐湘君

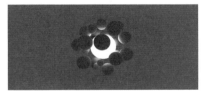

图2-119 课堂练习《粒子》/ 葛友鹏

029

作品视频

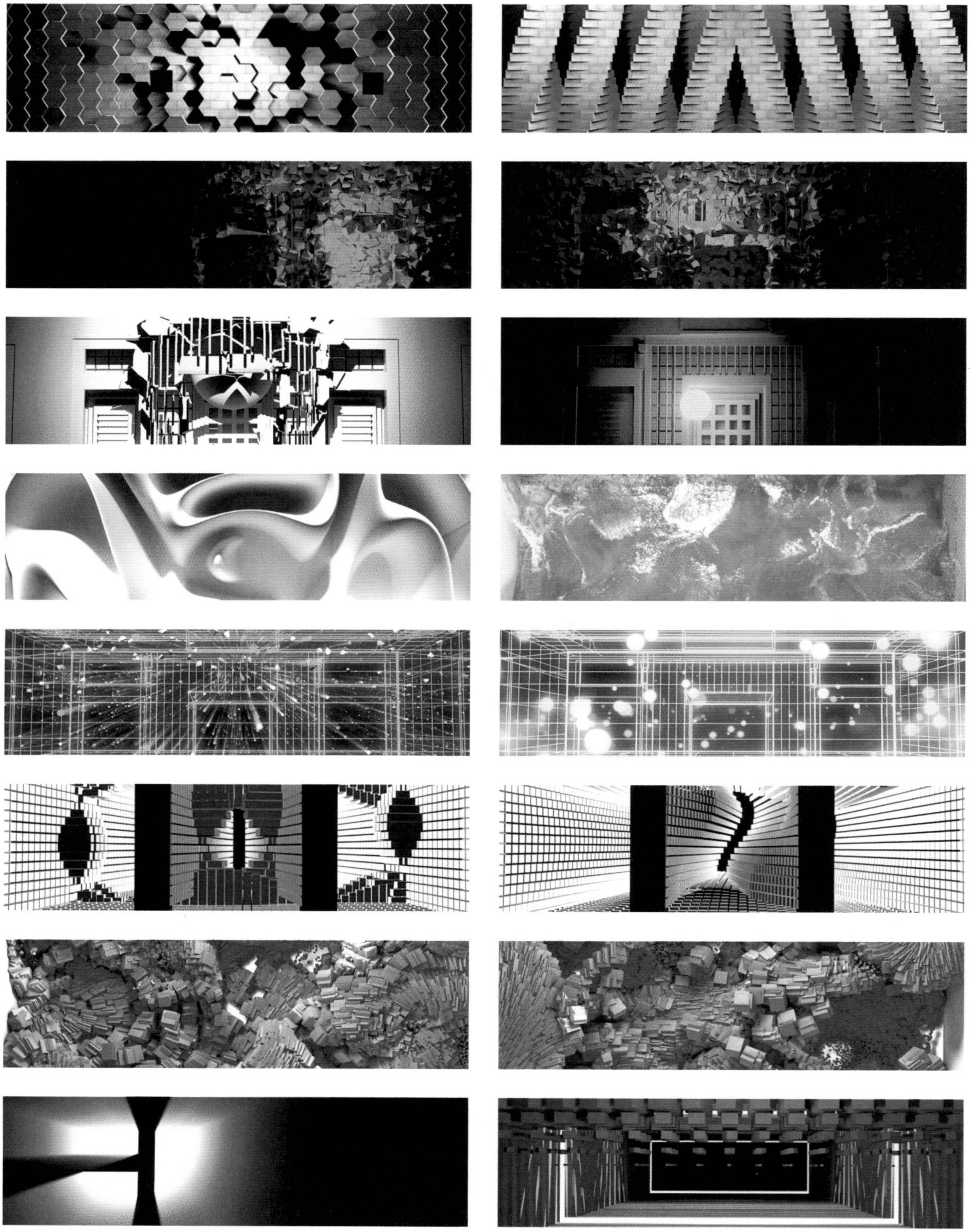

图2-120 数字构成作品《空间》/ 李南南

图2-118至图2-120 通过点、线、面组合构成后的画面视觉效果统一、和谐，造型规整，韵律节奏感强。

作品视频

第三节　基本形构成训练——特定主题

特定主题训练是具有命题限定、由意生形的训练内容。主题在设定时既要弘扬社会主义核心价值观，又要具有时代性，凸显自身文化内涵特质。

一、主题：包豪斯100周年

要求：了解100年来包豪斯（Bauhaus）的发展以及对世界设计的影响，以包豪斯100周年纪念Logo图形为主题原图（图2-121），用点、线、面综合表现多种形式与视觉效果。

设计方法：特定主题训练在设计时可以从三个方向进行练习，分别是广度、深度和关联度。广度主要是进行外延式思维训练，深度是进行内涵式思维训练，关联度是跳跃性思维训练。可围绕这三种思维方式进行构成表现。如"花"主题，外延：菊花、玫瑰花、梅花、桂花、水仙花、荷花等；深度：花瓣、花蕊、花茎、花根、花叶等；关联度：花香、美丽、娇艳、花海、爱情等。（图2-122至图2-162）

图2-121 包豪斯100周年纪念Logo

图2-122 构成训练1 / 姚夏

图2-123 构成训练2 / 阚然

031

图2-124 构成训练3 / 唐湘君

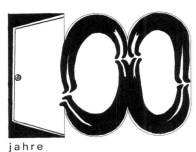

图2-125 构成训练4 / 苏珈娆

图2-126 构成训练5 / 侯超

jahre
bauhaus

图2-127 构成训练6 / 杨樱

jahre
bauhaus

图2-128 构成训练7 / 宿又文

jahre
bauhaus

图2-129 构成训练8 / 王佳月

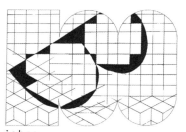

jahre
bauhaus

图2-130 构成训练9 / 徐同

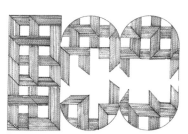

jahre
bauhaus

图2-131 构成训练10 / 鹿中一

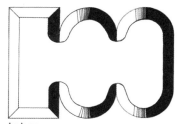

jahre
bauhaus

图2-132 构成训练11 / 宁蓉

jahre
bauhaus

图2-133 构成训练12 / 刘家兴

图2-134 构成训练13 / 崔展扬

JAHRE
BAUHAUS

图2-135 构成训练14 / 毛雨铭

jahre
bauhaus

图2-136 构成训练15 / 李琪

jahre
bauhaus

图2-137 构成训练16 / 杨樱

图2-138 构成训练17 / 王睿哲

图2-139 构成训练18 / 李浩瑞

图2-140 构成训练19 / 于惠铭

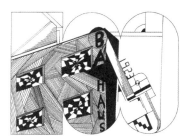

图2-141 构成训练20 / 欧丽娟

图2-142 构成训练21 / 张修睿

图2-143 构成训练22 / 刘佰霖

图2-144 构成训练23 / 聂新瑜

图2-145 构成训练24 / 王佳妮

图2-146 构成训练25 / 王佳妮

图2-147 构成训练26 / 阚然

图2-148 构成训练27 / 石夏雨

图2-149 构成训练28 / 高雨姗

图2-150 构成训练29 / 高雨姗

图2-151 构成训练30 / 胥林颖

图2-152 构成训练31 / 魏艺飞

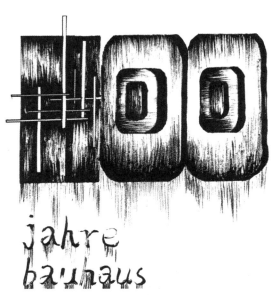

图2-153 构成训练32 / 李浩瑞

图2-154 构成训练33 / 王佳妮

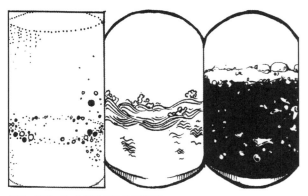

图2-155 构成训练34 / 王维煜

图2-156 构成训练35 / 王维煜

图2-157 构成训练36 / 杨莹君

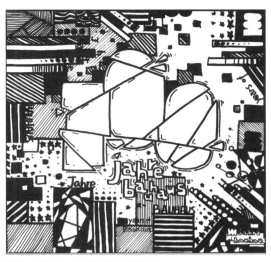

图2-158 构成训练37 / 魏艺飞

图2-159 构成训练38 / 杨莹君

图2-160 构成训练39 / 胥林颖

图2-161 构成训练40 / 王佳妮

图2-162 构成训练41 / 王艺霏

图2-122至图2-162 作品从广度、深度和关联度三个方向进行创作。如有的同学从关联度入手，将包豪斯流派的代表人物剪影与"100"相结合，有的同学从立体空间效果上进行创作，有的从材质质感上入手。

二、主题：建党100周年

以立体的"100"为模版，在模版上通过数字化的图片、影像、动画等方式展现中国共产党百年光辉历程和伟大成就，完成一幅百年党史数字画卷。画面要着重表现中国共产党带领中国人民从站起来、富起来到强起来的历史性飞跃。

要求：既要符合大众的审美价值，又要具有时代文化内涵，同时也要具备强烈的视觉冲击力。

制作方法：可以使用Ae软件处理动态影像，Cubase软件制作声音音效，三维软件C4D、3D Max创建模型，用Octane Render、V-Ray等渲染器对模型进行渲染，最后可以通过Touch Designer软件进行UV投影融合，以3D Mapping立体影像呈现出来。（图2-163）

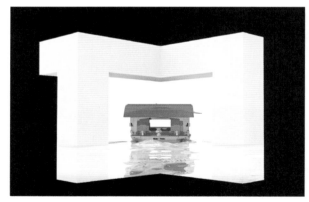

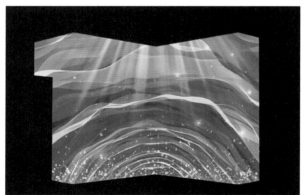

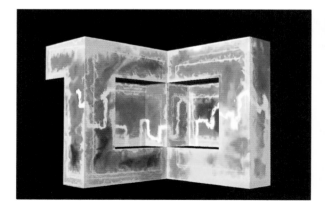

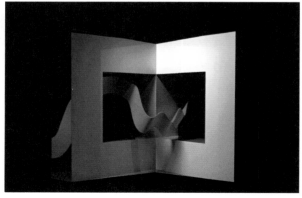

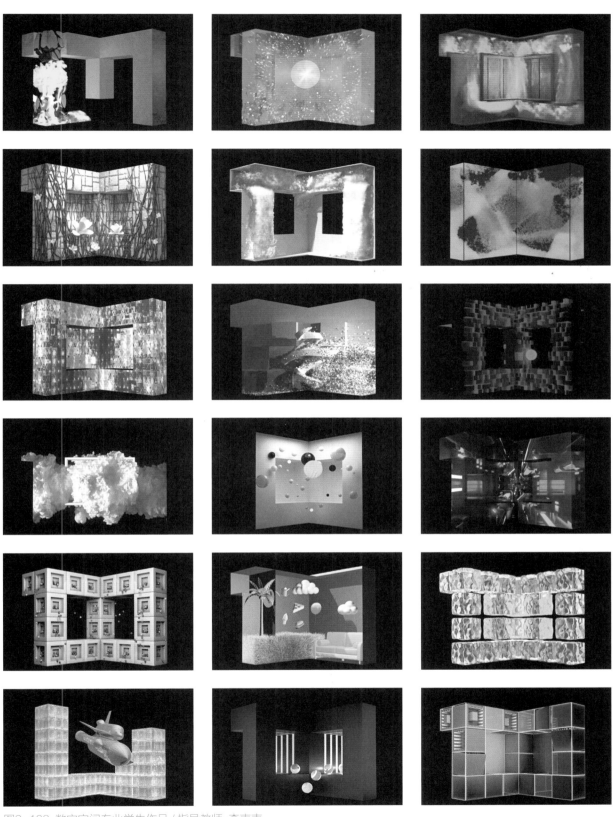

图2-163 数字空间专业学生作品 / 指导教师 李南南

图2-163 这是一组以立体装置"100"为主体的3D Mapping艺术作品，作品运用虚实结合的手法以及裸眼3D的形式，表现了中国共产党建党百年的光辉历程，绘就中华民族文化自信自强的精神底色，给予观者身临其境之感，充分体现了数字技术的强大表现力。

第四节　构成基本要素

一、视觉元素的分类

（1）概念元素：所谓概念元素是指那些不实际存在、不可见，但为人们意念所能感觉到的东西，比如我们会感到尖形角上有点，物体的边缘上有轮廓线，体的外表有面，而体则存在于空间之中。概念元素包括点、线、面、体。

（2）视觉元素：视觉元素包括形象的大小、形状、色彩、肌理等，概念元素要通过视觉元素见之于画面。如果不通过视觉元素把概念元素体现在实际的设计之中，不把它变成某种形象化的东西，它将是无意义的。

（3）关系元素：关系元素包括方向、位置、空间、重心等，视觉元素在画面上如何组织、排列，是靠关系元素来决定的。

（4）实用元素：实用元素主要指设计所表达的含义、内容，设计的目的及功能。

二、形的分类

形是物体的外部特征，是可见的。形包括视觉元素的各个方面，如形状、大小等。所有概念元素如点、线、面，在平面构成中都具有各自的形，在构成设计中对形的研究是必不可少的。

几何形——几何形是抽象的、单纯的，一般是依靠工具描绘的，视觉上有理性、明确之感。

偶然形——指我们意识不到、偶然形成的，如白云、枯树、破碎的玻璃、颜色滴落在纸面上等偶然形成的形状。

人为形——指人类为满足物质和精神上的需要，而人为创造的形态。如建筑、汽车、器物的形态。

自然形——指大自然中固有的可见形态，自然形态千变万化，丰富多彩，是形态的宝库。

联想图形——根据以上各类图形，再进行想象与联想，经过夸张、变化、创造，形成的新图形。

基本形与派生形——对某一个基本形态进行联想、夸张或打散重构，形成的新图形为派生形。

原生形与再生形——画中有画，形中有形，原生形为正形，多个正形组合产生的负形，就是再生形。

平面形与空间形——用平面形去表现立体空间，利用错视效果体现三维效果的空间形。

三、形的正与负（图与底）

在初步了解各种形的分类之后，要进一步研究基本形的形态与空间变化关系。形与空间的关系是图与底的关系，一般情况下，成为视觉对象的为图（正形），其周围的空间处为底（负形）。图与底是共存的，在平面设计中的正负空间造型共用边界和图底转换的典型之作是"鲁宾之杯"（图2-164），它利用的是相切形和联合形，使人产生丰富的想象。形影不离、一语双关等成语可以用在图底转换的视觉语言中。在设计中，实体图形容易得到重视、突出和强调，而虚形的作用和意义却易被忽视。正负形的训练目的是要强调虚实的同等重要性。要学会用多只眼睛去观察生活，充分利用一切可利用的元素。正负形在人们的生活中常被采用，如智力拼图游戏和太极图形等，设计师利用这种形式，让人们了解如何感受共享空间的存在，以及它们的美妙之处。有目的地利用正负形进行创作，形态的互动能提高图形的信息承载能力和表达功能，在视觉上更具有强烈的错视感和冲击力。

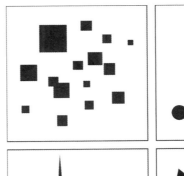

图2-164 鲁宾之杯 / 约翰逊·笛福 / 英国

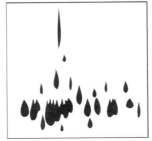
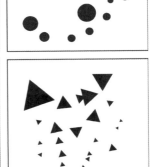

图2-165 点的形象

四、点、线、面

点、线、面是一切造型要素中的基础，存在于任何造型设计之中。对于一个设计者来说，点、线、面的构成训练是必不可少的，研究这些基本要素及构成原则是研究其视觉元素的起点。点、线、面被称为"构成三元素"，也通常被认为是概念元素，但是运用在实际设计之中，它们则是可见的，并具有各自特有的形象。

1. 点的形象

在几何学上，点只有位置，没有面积。但在实际构成练习中，点要见之于图形，并有不同大小的面积。点是最简洁的形状，是造型的原生因素，点在构成中具有集中和吸引视线的功能。点的连续会产生线的感觉，点的集合会产生面的感觉，大小不同的点会产生空间深度的感觉，几个点之间会有虚实的效果。点有各种各样的形状，有规则和非规则的。越小的点感觉愈强，但显得柔弱。点逐渐增大时，则趋向于面的感觉。点位于画面中心时，与画面的空间关系显得和谐稳定。当点位于画面边缘时就改变了画面的静态平衡关系，形成了紧张感。如果画面有两个点，便形成两点之间的视觉张力，人的视线就会在两点之间来回跳动，形成一种新的视觉关系。当两个点有大小区别时，视线就会由大点向小点移动，产生运动趋势，具有了时间的概念。如果画面中有三个点，视线就在这三个点之间流动，观者会感受到三角形的面。如果是众多点的聚散，就会引起能量和张力的多样化，这种复杂性会使画面具有动感。点连续排列而形成的虚线，点之间的距离越近时，线的特性就越显著。点依据水平或垂直方向排列，成为线的构成。相反，点沿着斜线、曲线、漩涡线排列，或者以自由方式排列，则形成具有动感的构成。点的大小渐变连续地排列，能形成有动感和深度感的构成。应用点的大小、多少、聚散、连接或不连接等变化排列，能形成有节奏、韵律感的构成。点有规律的间隔排列会产生井然有序的美感。当点的大小、远近和周围的空间有比较时，就会产生点的错视效果。（图2-165）

2. 线的形象

线是由点运动的轨迹而形成的。几何学上的线没有粗细，只有长度和方向，但构成中的线在画面上的体现是有宽窄粗细的。直线具有规则、简洁的形态；曲线能表现出柔美、波浪的形态；而自由形态的线描在中国绘画中更被广泛运用，并有很强的表现力。线在造型中的作用十分重要，因为面的形是由线来界定的，也就是形的轮廓线，不同的线表现不同的意念。

直线的品格：有力、果断、明确、理性、坚定、具有速度感和坚强感。直线大致可分为垂直线、水平线、折线、斜线等形式。垂直线有庄重、上升之感，水平线有静止、安宁之感，折线、斜线有运动、速度之感。

曲线的品格：柔和、丰满、优雅、感性、含蓄和富有节奏感。曲线大致可分为几何曲线和自由曲线两种形式。几何曲线规律性强，有圆、圆弧、抛物线等样式，有明确、清晰、易于制作和识别的特性。而具有弹性和富于动感变化的自由曲线，则表达一种有机的生命形态。即兴的自由曲线展现了个性化的特征，其线条很难重复。

线条增加其宽度会倾向于面的特性，粗的线能增加力度和厚重感，细的线显得纤细、敏锐而柔弱，锯齿状的线因其强烈的刺激性会令人产生不舒服的感受，粗糙的线则会令人产生受阻的涩感。

线的运动方向基本归为垂直、水平、倾斜三种。线通过集合排列形成面的感觉，线的粗细变化、长短变化、疏密变化的排列可以形成有空间深度和运动感的组合。线的组合利用宽窄、颤动、迷幻的排列变化，还可产生视觉上的错视幻象。（图2-166）

3. 面的形象

面是点扩大后的形态，也是线移动的轨迹。与点相比，面是一个平面中相对较大的元素。面有长度、宽度，无厚度，它受线的界定而具有一定的形状，因此面即是"形"。面有几何形、有机形、偶然形、不规则形、自然形等。面又分两大类：实面和虚面。实面是指有明确形状的能实在看到的，虚面是指不真实存在但能被人们感觉到的，由点、线密集而形成。

面具有充实、厚重、整体、稳定的视觉效果，给人的感受也更有冲击力，也是表情最丰富的形态，面的虚实、大小、形状、位置、色彩等能帮助形成作品的风格。在面中有"直面"和"曲面"，即直线和曲线所形成的面。这些面各具特征，能够表现出不同的情感和形态。如几何形的面，使人感觉规则、理性；有机形的面，使人感觉随和、柔软、自然；偶然形的面，使人感觉自由、轻松、活泼而富有哲理性；不规则形具有尖锐、随性的感觉；自然形具有生动、感性的效果。（图2-167至图2-169）

图2-166 线的形象

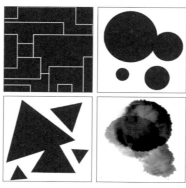

图2-167 面的形象

图2-168 灵动之美／李文涛

041

图2-169 装置作品《迷失的糖果乐园》

图2-169 作品为一件视觉娱乐作品，眩晕和迷失感会让每个人的感知都有所不同，你甚至会惊奇地发现一些幻觉图片是"会动的"。作品通过点、线、面的运动去探索光线、颜色、形状组合后所产生的幻觉，给人以视觉和心理上"现实"与"非现实"的错觉。

作品视频

策展人：孙　博　　　　　　　交互灯光：王乐然　　　　　　　平面设计：陶雅荷　王春婷　王维煜

艺术指导：颜成宇　　　　　　装置制作：张恩齐　文天仪　王维煜　　　　　　　　聂新瑜　唐湘君　腾　瑶

装置策划：吴　昊　刘红莲　　　　　　　　王春婷　钱敏怡　聂新瑜　摄　　影：王敏琪　马鑫淼

交互设计：吴　昊　任　龙　张恩齐　　　　唐湘君　　　　　　　　　　展览统筹：任　龙　马鑫淼

认知是人们在感知之后对事物进一步思考、加工的过程，我们可以将原形态拆分开，再将自己对事物的想法与拆分的内容进行组合，转化成新的具有复合形式语义的作品。这个过程既是对原形态进行思考、想象的过程，也是对作品进行某种象征或某种主题演绎的过程。它不仅体现了主观客观化呈现的过程，即主观客观化表现、客观表现主观内容的过程，也是反思感知结构的过程，经过头脑加工和转换后，面对客观对象的同时审视主观的自己，以此达到认知的目的。如将生活中的镜头提取后，利用分解重构的方式打破、提炼、重构，使原物体产生设计新语义，就是一个创新的思维过程。

训练内容：复合形设计

复合即合成，复合形即由多个形合为一体的形态组成。复合形是在基本形的基础上，通过相接、联合、分离、重叠、减缺、透叠、差叠、接触等手法复合而成的新颖别致的形象；复合形也是通过合成手段去创造一个特征明显的图形，其中含有基本形的形象特征，但又具有自身的结构特征。在复合形中，基本形的视觉认知被减弱，呈现出组合的图形特征，是各个基本形元素的组合。这些物形组合不是任意堆砌而成，而是各个单元通过上述复合手法巧妙组合成新的形态，并传达出一种新的信息和概念。

复合形的训练分为两部分：一是对基本形进行复合练习，通过对基本形进行变化组合、规律组合，赋予其多样的变化形式，训练基本形的各种组合方式；二是图像复合形构成训练，是在掌握了复合方法后使用多种图形处理手段进行设计转化，以创作出更加多样化的作品。这两部分主要训练学生对日常生活事物观察分析的综合能力。可以从多种角度、多种思维进行思考，以常规物象为基础，确定基本形后，再依据常规物象的生理结构或形象、光影关系等特征进行复合，使组合后的形态更加丰富、新颖。

打散、提炼、重构即以了解原形态结构和特征为前提，对原型进行分解，再进行有选择性的重新组合的过程。这种练习可以使形象思维得到不断拓展，掌握处理各种画面的表现技巧与能力，从而达到训练目的。

训练目的： 培养对基本形的复合能力。

提高对基本形的群化能力。

强化组织画面、重构画面的能力。

增强综合运用数字化技术、方法进行构成的能力。

第一节　复合

一、基本形复合

　　要求：在基本形的基础上进行复合练习，通过结合、分离、重叠、覆叠、减缺、透叠、差叠、接触等手法复合成新颖别致的形象，并有机地进行主次虚实的处理，使构成成为具有创新效果的群化组合。完成八个组合形象，黑白、彩色不限。

　　设计方法：在设计时可以将一些相对或完全对立的元素、材料并置拼贴在一起，使它们在相对独立的情况下达成和谐统一的效果，如拼贴法、叠置法的运用。（图3-1至图3-14）

图3-1 动物原图

基本形

覆叠

分离

透叠

图3-2 课堂练习／丁越

图3-1、图3-2 作品将动物形象进行了点、线、面简化处理，在基本形的形象特征基础上进行多种方式的复合，复合后的作品既具有独立性，又具有灵活的组合形式，画面形神兼备，更加新颖，具有很强的形式美感。

图3-3 静物原图

覆叠

透叠

分离

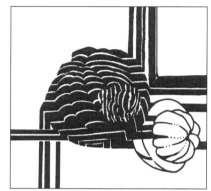

结合

图3-4 课堂练习 / 郑雪莉

图3-5 动物原图

重叠

覆叠

结合

减缺

图3-6 课堂练习 / 高雨姗

图3-7 动物原图

基本形

接触

分离

覆叠

图3-8 课堂练习 / 钱敏怡

图3-9 静物原图

基本形

接触

覆叠

分离

图3-10 课堂练习 / 何伊涵

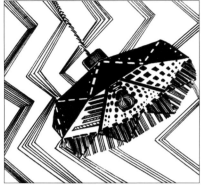

图3-11 摄影 / 王佳妮

基本形

结合

分离

覆叠

图3-12 课堂练习 / 王佳妮

图3-13 人物原图

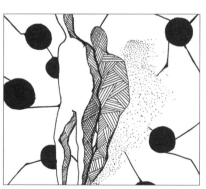

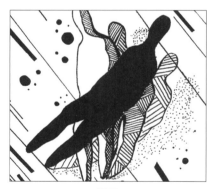

覆叠

覆叠

图3-3至图3-14 作品利用基本形的组合,产生了形与形之间的组合关系,使视觉表象更加秩序化、整齐化,呈现出和谐统一的视觉效果。

分离

透叠

图3-14 课堂练习 / 王春婷

二、图像复合

　　该部分是通过计算机软件或数字设备，快速复合处理图形图像并构成画面能力的练习，也是掌握复合形式多样化的表现方法的练习。可以在二维软件中将同一图片或多幅图片处理成不同的效果再进行复合形式的组合，也可以使用摄影摄像设备直接进行复合创作练习，这些复合后的作品可以直接应用于商业设计作品中。（图3-15至图3-17）

原图　　　　　　　　　　分离　　　　　　　　　　差叠

接触　　　　　　　　　　结合　　　　　　　　　　覆叠

透叠　　　　　　　　　　重叠　　　　　　　　　　减缺

图3-15 课堂练习 / 韩依凝

图3-15 作品在基本形的基础上通过数字技术复合而成，蒸汽波风格使图片更加新颖独特，流淌的水波纹、炫彩复杂的组合，装饰风的效果，剪接拼贴的创作方式给人带来强烈的视觉冲击力。

分离　　　　　　　　　　差叠　　　　　　　　　　结合

图3-16 课堂练习 / 谭鑫

图3-16 作品通过数字技术在保留原形态的基础上进行创作，黑白画面使得该作品充满奇妙的视觉效果。

透叠　　　　　　　　　　　　　　　　　　　结合

 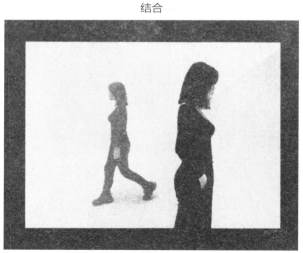

差叠　　　　　　　　　　　　　　　　　　　分离

图3-17 蓝晒影像作品《人物》/ 关丽娜

图3-17 作品使用胶片相机进行拍摄，并运用了双重曝光的拍摄手法，它将现代数字化影像语言与古典传统显影术——蓝晒法相结合，表达人物在同一时刻的不同状态，通过在不同时间、不同温度、不同材料下的反应，将图像永久地记录下来，也使中华优秀传统文化在这样的方式下得到创造性转化、创新性发展，让人们在这种传统与数字的碰撞中去多维度地理解时间、感受时间。

要求：利用照片、图片，使用计算机软件将其复合构成处理，画面既要保持原图风貌，又要具有和谐、有韵律等效果。

设计方法：数字化的表现风格众多，如近些年常看到的酸性设计风、蒸汽波风、波普风、赛博朋克、蒸汽朋克、故障艺术风、像素风、中国风、欧普风、孟菲斯、剪纸风、极简风、极繁风、低多边形风、超写实风格、立体主义风、哥特风、包豪斯风格等，这些特殊效果的运用会使设计更具独特、鲜明的表现形式。

我们可以利用一些二维软件（Ps、Ai等）来完成作品，这些二维软件的特效能使画面更加新颖。如Ps软件中滤镜的彩块化命令可以快速创建不规则的彩色玻璃效果；等高线可以将图片反差部分提取概括成线；风化效果可以模拟大风或飓风吹过画面，形成线化效果，还有扭曲、水波纹、挤压等效果。当然还有一些其他的滤镜，可以制作出3D效果和肌理效果等。

前面提到的风靡于数字艺术领域的低多边形风（Low Poly），是通过较少数量的不规则多边形，组成一种简约的晶格化艺术风格，打造出棱角分明的作品。它是通过图形软件中专门的"低多边形特效"功能，把二维图片或高精度三维模型自动转换成低多边形。这些设计方法及效果能够使我们的作品最大限度地表现其设计意图，也极大地丰富了作品的表现形式与内容。

三、基本形组合关系

构成中基本形的组合，产生形与形之间的关系，关系主要有以下几种方式。（图3-18、图3-19）

分离——形与形之间不接触，有一定距离。

接触——形与形之间的边缘正好相切。

覆叠——形与形之间是覆盖关系，由此产生上下、前后的空间关系。

透叠——形与形有透明性的相互交叠，但不产生上下、前后的空间关系。

结合——形与形相互结合成为较大的新形状。

减缺——形与形相互覆盖，形被覆盖的地方减缺掉。

差叠——形与形相互交叠，交叠部分生成一个新的图形。

重叠——形与形相互重合，融为一体。

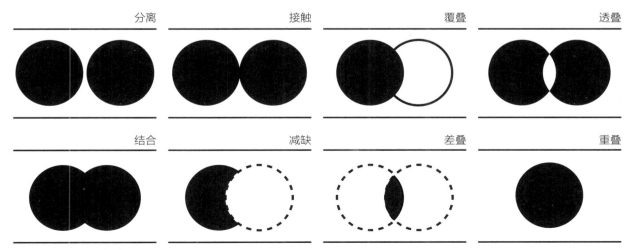

图3-18 基本形的组合

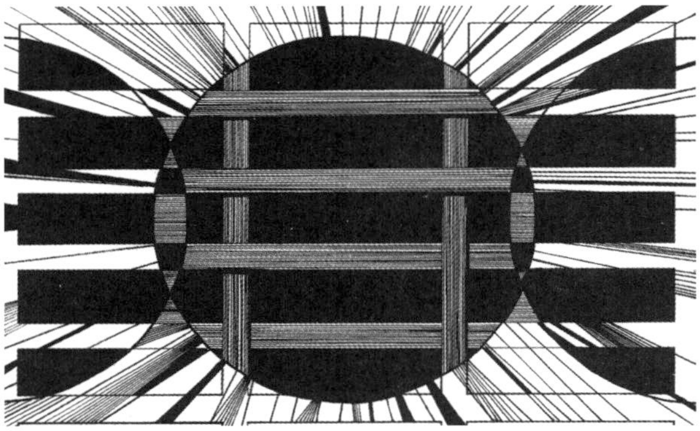

透叠

覆叠

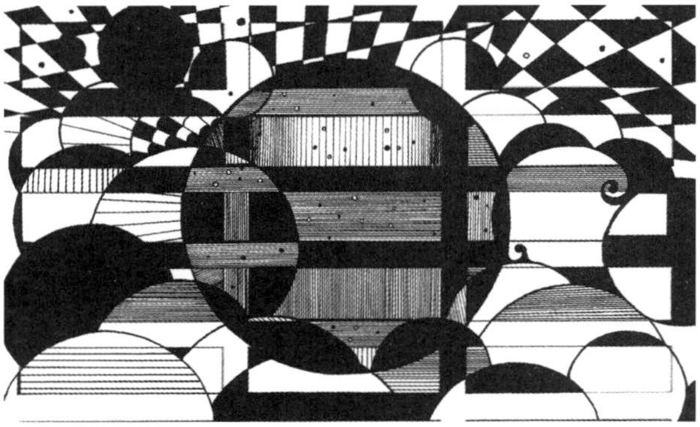

透叠

重叠

图3-19 课堂练习/陈天舒

第二节 解构

一、打散、提炼、重构

要求：选择日常生活中我们熟悉的物体，如食品、五金工具、电子产品等，提炼出物体不同的侧面，然后利用打散后的形态构成新的形象（具象、抽象均可）。

设计方法：在日常生活中，只要我们去感受、发现与捕捉，许多物品都可以作为训练的元素进行设计，不同的观察视角能够处理出各种不同的画面效果。如提取器物的材质或物品在实际使用中的明确特征、内部结构等，进行分解、打散，再针对这些元素进行归纳总结，从中找到可以突出表现的内容再进行新的构成，完成后的画面既形式新颖又具有新的含义。

创作时不仅要善于完善这种寻找、提炼、创作的过程，同时还要注意在设计中遵循综合、统一、和谐的变化规律要求。打散重构后的作品可以应用到许多领域里，如科幻电影、绘画作品、用户体验设计等。（图3-20至图3-36）

图3-20 课堂练习 / 陈思静

图3-21 解构训练 / 陈思静

图3-22 静物原图

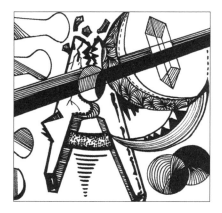

图3-23 解构训练 / 杨莹君

图3-24 课堂练习 / 房资奇

052

图3-25 解构训练 / 房资奇

图3-26 课堂练习 / 王浩然

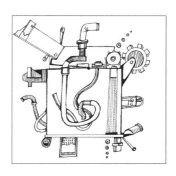

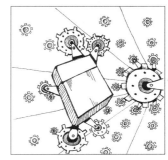

图3-27 解构训练 / 王浩然

图3-28 静物原图

图3-20至图3-29 作品从原图中提炼
出具有明确特点的元素，利用重复、规
律、夸张等手法进行有节奏感的变化，
形成全新的画面。在创作过程中脱离了
原有单一的形式，让作品在重组后产生
强烈的节奏感、韵律感和透视感，多样
化的组合使作品更具生命力。

图3-29 解构训练 / 王昱

053

图3-30《星夜》/ 梵高

图3-31 解构训练 / 韩依凝

图3-32《向日葵》/ 梵高

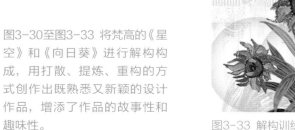

图3-30至图3-33 将梵高的《星空》和《向日葵》进行解构构成，用打散、提炼、重构的方式创作出既熟悉又新颖的设计作品，增添了作品的故事性和趣味性。

图3-33 解构训练 / 韩依凝

图3-34 石膏摄影 / 王诗涵　　　　　　　图3-35 解构训练 / 王诗涵

图3-34、图3-35 作品在大卫石膏像的基础上进行解构，运用波普风和故障风格，将图片拼贴处理成高饱和度的渐变色和低保真的故障风画面，使图片变得时尚多彩，更具有视觉冲击力。

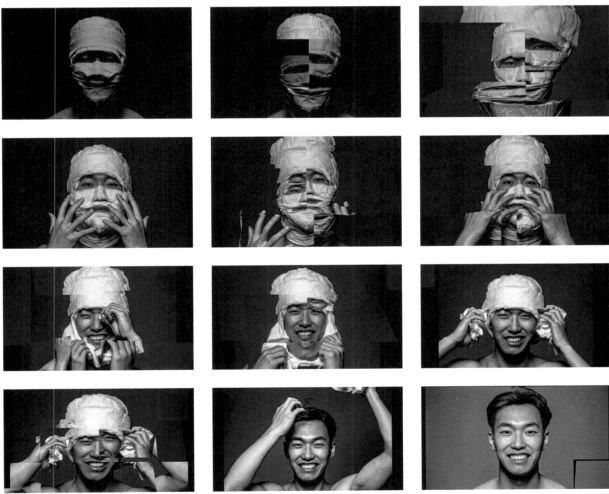

图3-36 影像作品《改变自己》/ 董智谦

图3-36 作者用静态合成影像，阐述"关心、关爱身边的人"的主题。以摄影的方式记录动态作品，在拍摄后再将照片进行打散、重构，重组后的人物形象自由感强，形式新颖，画面妙趣横生，更加贴合创作主题。

作品视频

二、定义

打散、重构是将完整图形拆解开，再通过构成原则用简化抽象手法概括、重新组合在一起。打散、提炼、重构是在打散后有选择性地重新组合在一起，比前者多了一个选择环节。

打散的方式有分割和打散。

分割是将元素按照一定的方法分割成若干形态，形成独立的、新的元素。分割后的局部图形可以是具象的，也可以是抽象的。分割可分为等形分割、等量分割、比例分割、自由分割。（图3-37至图3-42）

等形分割是分割后的形态、面积相等，分割后的画面整齐，骨格规律。

等量分割是形态不同，面积比例相同。分割后的形态可以是具象的，也可以是抽象的，画面具有均衡感。

比例分割就是在形态中按照倍数的比例关系分割，如斐波那契数列分割法（黄金分割）、等比数列分割法、等差数列分割法。分割后的画面次序规范，具有数理美和秩序美。

自由分割就是在遵循形式美的法则基础上对形态进行任意的、不规则的分割。Ps软件滤镜中的晶格化命令可以对画面进行不规则的自由分割。

打散是将基本形分开，打散后的形态可以是独立的，也可以是基本形的部分元素，既可以打散到不能再分的地步，也可以是由点、线、面积聚而成。

用分割或打散的手法，把形态分离，再通过不同的形式重新组合到一起为重构，两者互为逆反关系。重构后的形态与原形态不同，也会产生新的形式、新的含义。

重构的方法有多种，可以是有目的的具象重构，也可以通过多种方法有选择性地提取、提炼元素，只保留部分原有形态重新构成画面。

打散、重构是对构成能力的一种训练，是自然形态向抽象形态转化的过程。重新构成的形态更加新颖活泼，具有较强的构成感。（图3-43）

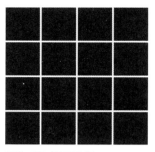

图3-37 等形分割

图3-38 等量分割

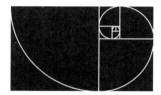

图3-39 斐波那契数列分割

图3-40 等比数列分割

图3-41 等差数列分割

图3-42 自由分割

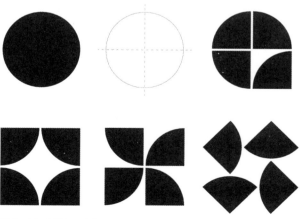

图3-43 打散、重构

第四章

一

构成能力训练

数字构成的表现是设计师对事物原有形态充分认知后，将自己的思想、情感用画面呈现出来的过程，是对原形态进行信息化、形象化解读的结果，也是头脑中抽象的创意具象化表达的一种形式。

训练内容：构成表现设计

构成以其特有的视觉形态和构成方式带给人们一种特殊的视觉美感。形态的抽象性特征能够使画面具有严谨和节奏律动之感，营造一种秩序、理性、抽象之美。如重复、近似等构成形式表达了整齐、秩序，而渐变、发射、对比、空间等构成形式则常表现出一种炫目的视觉美感。在设计中，各种构成形式往往相互结合应用。构成作为设计基础，被广泛应用于各个领域，使整个作品寓意更加丰富。

构成的表现形式可以分为两大类：有规律性和无规律性。有规律的构成形式有重复、近似、渐变、发射、特异等，无规律的构成形式有密集、空间、对比等。

表达能力是在表现能力的基础上更深层次的表述。通过运用多种构成形式表达所见、所思，来阐明自己看到的现象和事实，使作品寓意更加丰富。表达能力的核心在于在画面构成中将普通思维转化成数字构成的连贯性思维模式，使整个画面质量以及表现形式都更加成熟。表达能力会推动思考能力和学习能力，也更能够体现出个人逻辑思维能力和创作能力。

构成能力训练分为两部分，一是综合训练，是训练学生运用各种构成表现形式组成画面的能力；二是特定主题训练，是有目的地表达具有特定含义的训练内容。

训练目的： 熟练掌握构成的表现形式、方法。

提升灵活组织画面、构成画面的能力。

强化创作的主题性和目的性。

开阔以构成为核心的思维方式。

第一节 构成表现形式

基本形和骨格的关系极为重要，我们将分别讨论基本形与骨格的各种变化。

一、重复

1. 基本形的重复

若在设计中不断使用同一个基本形，就称为重复基本形。进一步说，形状、大小、色彩、肌理都相同的形为重复基本形，重复基本形可以使设计产生一种绝对和谐的感觉。但是，如果完全重复，便会显得单调。为了在重复中寻求变化，就应在排列中注意重复基本形的方向与空间及骨格的关系，重复基本形的方向分别为重复方向、不定方向、交错方向、渐变方向和近似方向。

2. 骨格重复

若骨格的每个空间单位完全相同，此骨格就为重复骨格。也就是说当基本形有规律地排列起来时，它们各占的空间面积完全相同，那就是纳入了重复骨格。平面构成中的骨格管辖设计中基本形的位置，通常骨格支配整个设计秩序，并预先决定了基本形在设计中与彼此的关系。骨格本身的结构可以是规律性的、半规律性的或非规律性的。

3. 骨格的形式

当基本形纳入骨格时，可以分为有作用性骨格（图4-1）和无作用性骨格（图4-2），可见骨格与不可见骨格：

（1）有作用性骨格给基本形以固定空间（骨格内），无作用性骨格给基本形以固定位置（十字交叉点上）。

（2）有作用性骨格基本形可以在骨格单位内上下、左右移动，甚至超越骨格线。如果超越骨格线，超出的部分将被骨格线切除。无作用性骨格基本形不得移动位置，但基本形可以任意扩大或缩小。

（3）可见骨格是指骨格线明确地表现在构图中，有明确的空间划分，可见的骨格线和基本形通常同时出现在画面上。

（4）不可见骨格是指在概念中存在，常常在画面上见不到，只是作为基本形编排的依据和结构，并不一定画出来。

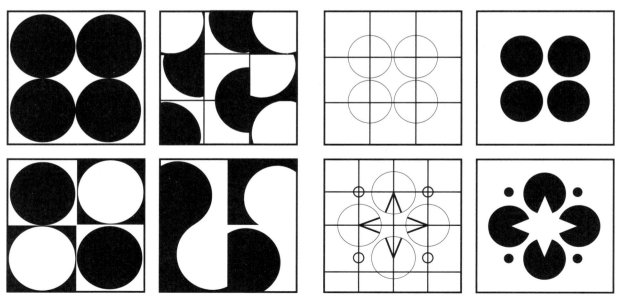

图4-1 有作用性骨格　　　　　　　　　　　　　　图4-2 无作用性骨格

4．骨格的变化

根据基本方格的组织可演变出多种形式的重复骨格（图4-3）：

（1）比例的改变

基本方格可由正方形变为长方形，因为长方形的方向是明显的，因此，设计就有了方向的偏重。

（2）方向的改变

骨格线可由垂直和水平方向变为倾斜，其骨格线仍旧互相平衡，并带有动感。

（3）行列的移动

骨格线保留一个单元垂直或水平，而另一单元可以有规律性地或无规律性地移动，使原来完全互相连接的骨格单位稍有斜离，形成梯级现象。

（4）骨格线的弯折

在保证各骨格单位形状、大小始终相同的情况下，骨格线可以有规律地弯折。

（5）骨格单位的联合

两个或更多的骨格单位，可合并形成新的、大的骨格单位，但要保证形状、大小相同，在合并后不留空隙。

作业题目：

1．手绘或使用计算机完成有作用性骨格、无作用性骨格作品各一幅。

2．对同一物品做骨格重复练习，形式要多元化，数量不少于四幅。

（以上题目任选其一，可参考图4-4至图4-12）

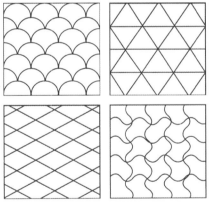

图4-3 多元性的重复骨格

图4-4 骨格重复训练1 / 郭静

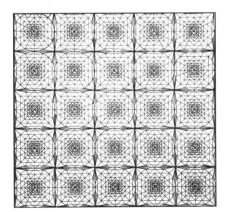

图4-5 骨格重复训练2 / 藤潇涵

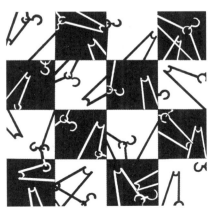

图4-6 骨格重复训练3 / 赵洪志

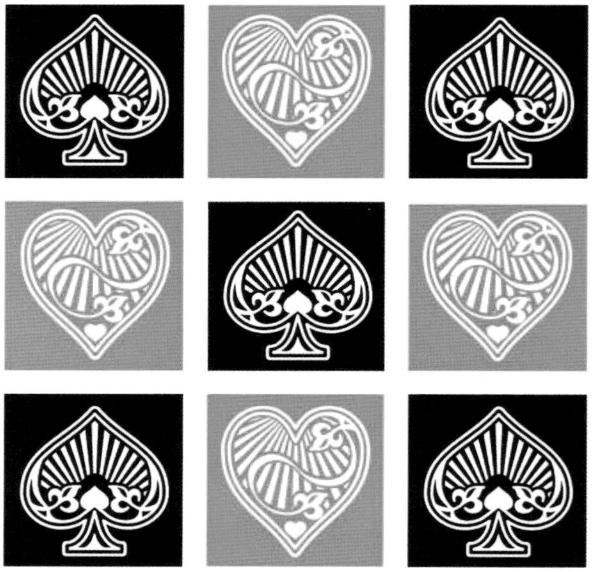

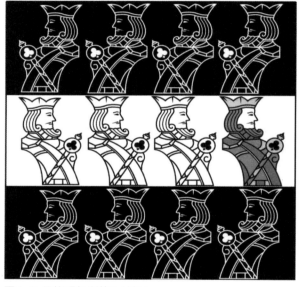

图4-7 骨格重复训练4 / 关昊

图4-8 骨格重复训练5 / 关昊

图4-9 骨格重复训练6 / 关昊

图4-10 骨格重复训练7 / 关昊

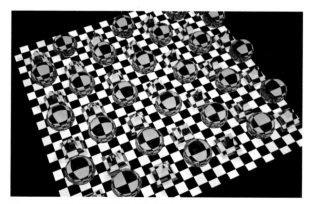

图4-11 骨格重复训练8 / 李文涛

图4-12 骨格重复训练9 / 李文涛

图4-4至图4-12 这几幅骨格重复作品，基本形与骨格相互联系、相互作用，产生强烈的秩序感。

二、近似

近似是指基本形之间存在一种相似性。世界上没有两个完全相同的生物，但彼此相像而不完全一样的例子很多，如植物中每一片叶子的形状、叶脉，花瓣就形状和颜色来说都是相近而不同的，这就是近似的现象，近似是相同中有不同。当然近似是相对的，近似可以天然地达到和谐而富有变化，是达到协调的最好方法。反过来讲，要想做到近似，必须在不同中求相同，相同中求不同，一般近似是大部分相同，而小部分不同，这样才能形成远看如出一辙，近看千变万化的美妙图形。（图4-13至图4-20）

1. 形状近似的构成

重复基本形的轻度变异是近似基本形。近似构成要求形态彼此之间要有相同成分的关联。设计中基本形的近似一般特指形状、大小、方向、角度、色彩、肌理的近似。当然所谓形状近似是有弹性的，近似的程度是由设计者自己决定的。若近似的要求严格，各基本形便趋于酷似，甚至接近重复；若近似的要求不高，则各基本形趋于互异。形状的近似从下列方法中获得：

（1）同类别的关系

形态属于同类品种、意义或功能有相互联系的，就会形成近似形，近似是富有弹性的。如文字属同类别的近似形，人类和动物相比，人类自身属同类别的近似形，动物自身也属同类别的近似形。

（2）空间变形

一个圆形在空中旋转，可由圆形变为椭圆形。所有形状都可如此转动，甚至弯曲，所求得一系列的变形，均为近似形。

（3）相加或相减

一个基本形的产生由两个或两个以上的形状彼此相加（联合）或相减（减缺）而形成，由于加减的方向、位置、大小等的不同，可产生一系列近似形。

（4）伸张或压缩

形状可像富有弹性的橡胶一样，受内力的伸张或压缩，产生一系列不同程度的变形，均为近似形。

（5）以理想基本形为模式，从中求取近似形

通常以重复骨格的单位方格制作基本形的模式，再从模式中取其任意部分，便可获得一系列近似形。

2. 骨格近似的构成

近似基本形一般应纳入重复骨格中，有作用性骨格或无作用性骨格均可，根据具体情况而定。骨格单位在形状和大小方面产生变化呈现近似，即属近似骨格，也是一种半规律性骨格。此类骨格在应用时注意不要使秩序紊乱，一般在近似骨格内相应地纳入近似基本形，并要求基本形不易太复杂。如以重复骨格的方格为单位格，从基本形中取近似部分，放至方格中便可获得一系列近似形。也可以按照视觉分布，而不画骨格线，也就是将基本形分布在画面时，应使每个基本形所占的空间大致相同，但这些分布是要由视觉判断的，而不是靠骨格线引导。

作业题目：

1. 手绘或使用计算机完成近似作品两幅。

2. 找寻生活中近似的场景，完成6组摄影作品，也可以进一步对摄影作品进行二次构成设计。

（以上题目任选其一）

图4-13 近似构成训练1 / 蒋慧

图4-14 近似构成训练2 / 李蕾

图4-15 近似构成训练3 / 沈迪

图4-16 近似构成训练4 / 林楠

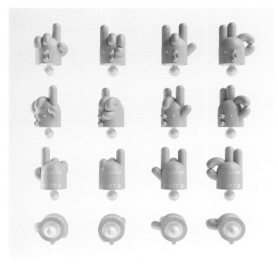

图4-17 IP设计《MODOLI 尘封乐章》/ 鲍永亮

图4-18 IP设计《MODOLI 手势》/ 鲍永亮

图4-19 影像作品《三度青春》/钟婉毓

图4-17、图4-18 作品元素设计活泼，形态统一，在保持整体性的基础上激发人们探索的兴趣及好奇心。

图4-19 作品是以缅怀青春和梦想为主题的创意实验影像，画面以分屏的形式进行演绎，三个屏幕里的人比喻三种身份，将三种思维同构在一个屏幕里，展现人与人之间交流与互动的密切联系。画面大小、色彩、形式近似，作品风格整体统一，具有较强的共同特征。

图4-20 装置作品《1440》/ 郭瑾 米安琪 / 指导教师 颜成宇 秦旭剑 李健 岳小颖

图4-20 作品通过投影的方式，将1440张近似的几何画面映射在弗龙板雕刻而成的几何面上，并以错落的方式进行悬挂，通过这种图形上的错位来呈现出面的层次感。投影的形式使物体与光、空间相融合，营造出一种置身其中的视觉感受。画面中线条简约，曲直结合，打破传统几何图形的二维形态，增强图形的动态化表现过程，同时各个面之间色彩对比强烈，使错落的图形更具立体空间感。

三、渐变

渐变是人们的日常视觉经验之一。如一个人由远及近，逐渐由小变大的现象就是渐变。渐变是一种运动变化的规律，它是对应的形象逐渐地、有规律地循序变动。在平面造型中，渐变往往是以基本形或骨格的渐次变化及节奏和比例的控制，来提升图形视觉感受的。（图4-21至图4-32）

1. 基本形渐变

（1）形状渐变：任何一个形象均可逐渐变化而成为另一个形象，只要消除双方的个性，取其共性，在一个综合的过渡区内，取其渐变过程，就可得到形状渐变。

不管基本形逐渐削减、逐渐升高或逐渐扩大，都是在中间地带双方各占一半。如果将圆形渐变为方形，再由方形渐变为三角形，其道理仍然相同，照此方法，任何一个形象都可渐变为另一个形象。

（2）大小渐变：基本形逐渐由大变小或由小变大，给人以空间移动的纵深感。

（3）方向渐变：基本形的方向逐渐有规律地发生变动，给人以平面旋转感。

（4）位置渐变：基本形在骨格中的位置按照一定的规律发生变动（做上下、左右或对角线移动），给人以平面移动感。

（5）倾斜渐变：基本形从正面逐渐倾斜到侧面及反面的过程就是倾斜渐变，给人以空间旋转感。

（6）增减渐变：两个形状按照一定的秩序和数量逐渐相加或相减的过程为增减渐变。

（7）伸缩渐变：基本形因受外力或内力的作用，产生压缩或扩张逐渐变形的过程为伸缩渐变。

（8）虚实渐变：一个形象虚形渐变成另一个形象的实形为虚实渐变。这是一种巧妙利用图形联想的方式所产生的渐变，它利用共用的边缘线，使一种形的虚空间转换为另一种新的形态。注意此渐变速度不易太快，不然容易引起视觉上的跳动感，应做到形在不知不觉中转变。

2. 骨格渐变

骨格基本单位的形状、大小等按一定秩序有规律地渐变，为骨格渐变。

（1）单元渐变：骨格线的一个单元等距离重复，另一个单元逐渐增宽或缩窄。

（2）双元渐变：骨格线的两个单元同时渐变，骨格线无论横竖或倾斜均可。

（3）等级渐变：将竖排或横排的骨格单位，整排移动，产生梯形变化。

（4）折线渐变：整组横的或竖的骨格线都可平行弯曲或弯折，形成折线渐变。

（5）联合渐变：将骨格渐变的几种形式相互并用，形成较为复杂的骨格单位。

（6）分条渐变：当一个单元渐变后，另一个单元在分好的条内独立分组渐变，就可构成分条渐变。

（7）分段几何形渐变：以骨格线有规律地构筑渐变几何形，使骨格线分段组接，构成特殊的渐变效果。

（8）阴阳渐变：将骨格宽度扩大成面，使骨格与空间进行相反的宽窄变化，即为阴阳渐变。

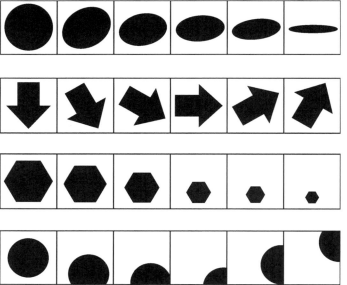

图4-21 位置渐变

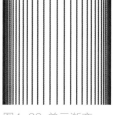

图4-22 单元渐变

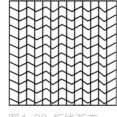

图4-23 折线渐变

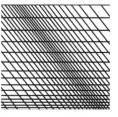

图4-24 双元渐变

图4-25 阴阳渐变

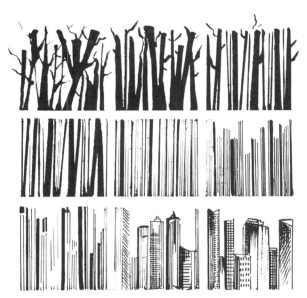

图4-26 渐变构成训练1 / 安钮

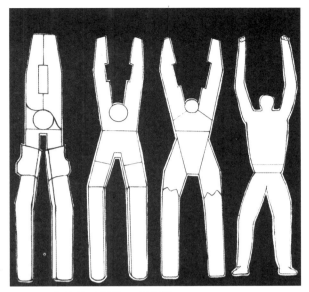

图4-27 渐变构成训练2 / 邹福禄

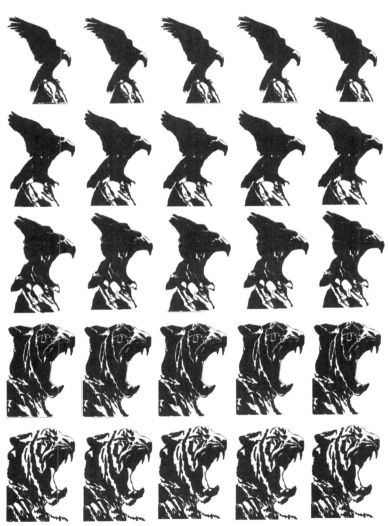

图4-28 渐变构成训练3 / 王月

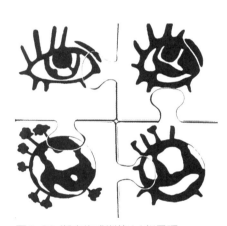

图4-29 渐变构成训练4 / 赵子瑶

067

作业题目：

　　1. 手绘完成渐变作品两幅。

　　2. 利用任意软件制作渐变作品

两幅。

　　（以上题目任选其一）

图4-30 冰雪消散 / 谭鑫

图4-31 建党百年，烈火英雄 / 温馨

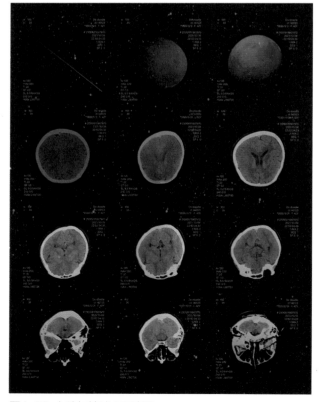

图4-32 大脑与地球 / 王诗涵

图4-30至图4-32 这三件招贴作品通过将基本形从形状、大小、位置、方向上做渐变处理，赋予了画面更微妙的情感色彩，富有韵律美。在渐变的过程中，每个渐变阶段都不相同，渐变阶段越成熟，形态越相似，这种方式的运用能带给观者别具一格的视觉感受。

四、发射

发射是特殊的重复和渐变，其基本形和骨格线环绕着一个或几个共同的中心点。

发射是自然界中常见的现象，盛开花朵中花瓣的排列、贝壳的螺纹、节日的礼花以及投石于宁静水面所引起的阵阵涟漪都是发射的画面。

发射具有强烈的视觉效果，令人炫目，倘若需要一个视觉冲击力强的设计，则发射构成最为合适，因为发射有三大特征：其一具有多方向的对称；其二具有非常明显的焦点，此焦点通常位于画面的中央；其三能形成画面的动感，使所有形象向中心集中或由中心向四周散射。

1. 发射骨格的构成因素

（1）发射点：即发射中心，是画面中焦点所在。一幅设计作品中，发射点可以是单元的，也可以是双元的；可以是明显的，也可以是隐晦的；可以是大的，也可以是小的；可以是动的，也可以是静的，其种类不限。

（2）发射线：即骨格线，它有方向（离心、向心或同心）与线质（直线、曲线或折线）的差别。

2. 发射骨格的种类

根据发射线的方向一般分为三类：离心式、同心式、向心式（图4-33）。而在实际设计时，通常都互相兼用、互相协助、互相分割或互相穿插。（图4-34至图4-42）

（1）离心式：由中心向外发射，是发射构成的主要形式。由一个中心向外发射或由外向内集中，发射的骨格线可以是直线或曲线，骨格线的疏密也可随意，但往往骨格线的密度和变化越多，错视感就越强。离心式的构成形式有基本离心式、弯折离心、中心偏置、中心分裂、中心扩大、多元中心、分割合并和双元合并。

（2）同心式：骨格线渐层环绕中心，沿着有规律的轨迹如直线、曲线甚至圆形、方形、三角形等不断地向外移动，从而所得的骨格线也不断移动，产生各种漩涡效果。同心式的构成形式有：螺旋同心式（同心式的骨格线部分相接、不同中心的半圆首尾相接，均可构成螺旋同心式）、多元中心式（不同中心的弧线连为一体，形成弯折式的同心）、中心隐藏同心式（这种骨格线构成和多元中心式相同，只是不呈现出来）、离心同心式（同心式的骨格线中，每层再加离心式发射线）。

（3）向心式：发射线由周围向中心聚集，中心不是所有骨格线的交集点，而是所有骨格的弯曲指向点。还有渐变向心式，它是骨格线的夹角逐渐大或逐渐小，使夹角按照一定的渐变秩序构成骨格线。

无论离心、同心或向心在实际设计制作时，往往都是联合使用，以取得丰富的视觉效果。不同形式的发射骨格叠用可产生出丰富、精彩的发射骨格，同时，发射骨格也可以和重复骨格以及渐变骨格叠用，但不管如何联系，一定要做到结构的单纯、清晰、精密、有序，不可乱叠。

离心式

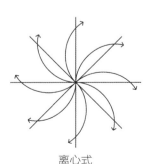

离心式

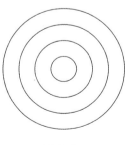

同心式

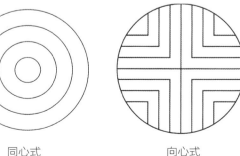

向心式

图4-33 发射骨格的种类

3. 发射骨格和基本形的关系

（1）发射骨格内纳入基本形，如同重复或渐变骨格内纳入基本形一样，一般基本形只能纳入简单的发射骨格中，须突出基本形的排列，按有作用性或无作用性处理均可。

（2）利用发射骨格线引辅助线构成基本形，这样将基本形融于发射骨格中，突出发射骨格造型而不破坏骨格。辅助线可以在骨格单位内引，也可以脱离骨格单位引，根据具体情况进行选择。

（3）骨格线或骨格单位自身作基本形，此基本形就是发射骨格。这一类将完全突出发射骨格，无须纳入任何形或引任何线。骨格本身就很完美，骨格线作基本形实际是骨格线变宽，呈放射状，这种骨格线应简单、有力。骨格单位作基本形，就是把骨格与空间黑白交替填充，呈现出一正一负的黑白形，明确地显示着发射骨格。

作业题目：

1. 手绘或使用计算机完成发射作品两幅。

2. 利用工具，如镜子、植物等制作具有发射特征的作品两幅。

（以上题目任选其一）

图4-34 发射构成训练1 / 高思敏

图4-35 发射构成训练2 / 孙佳楠

图4-36 发射构成训练3 / 田一雯

图4-37 发射构成训练4 / 沈迪

图4-38 平面摄影 / 李悦嘉

图4-38 作品以"离心式"发射形式完成，以头部为中心位置向外进行发散，形成飘散而出的效果，具有较强的焦点感，视觉效果醒目。

图4-39 太空噪声 / 王安琦

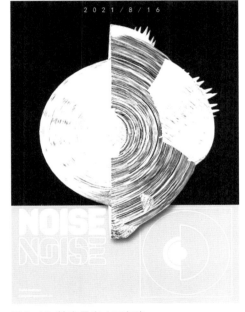

图4-40 数字月光 / 王安琦

图4-41 四月 / 谭鑫

图4-42 MODOLI世纪之吻系列 / 鲍永亮

图4-39至图4-42通过基本形或骨格绕着一个中心点向外散开或向内集中，画面清晰、有序，丰富的变化形成明显的起伏感、空间感，同时产生较强的节奏感和韵律感。

五、特异

特异构成是在规律性的重复中刻意地突变，是和秩序产生的对比效果，是同类形象中的异质变化。它是在保证整体规律的情况下，仅小部分与整体秩序不和谐但又与规律不失联系，此小部分就是特异。当然特异的程度视情况而定，有时是规律中极轻微的偏差，有时则与规律有相当大的差异，但不管何种程度，都应与规律不失去联系为宜。特异部分为视觉中心，易引人注意，如"鹤立鸡群""万绿丛中一点红"就是特异的最好例子。（图4-43至图4-48）

1. 特异基本形

特异是相对的，若大部分基本形保持严谨的规律，其中一小部分违反了规律，这小部分就是特异。特异的基本形和规律的基本形应大同小异，使其与整体不失联系，但又显而易见，引人注目。为此特异的基本形应集中在一定的空间之内，不要散乱，特异的基本形应数目稀少，甚至只有一个，这样方可形成视觉中心。

（1）规律转移：特异基本形彼此之间形成一种新的规律，与原整体规律的基本形有机地排列在一起，就是规律的转移。这种规律的转移无论从形状、大小、方向或位置等均可进行构成，只是转移规律的部分一定要少于原整体规律的部分，并彼此协调有序。

（2）规律破坏：特异基本形之间无规律，无论从形状、大小、方向或位置等方面都无自身规律，但又融于整体规律之中，这就是规律破坏。规律破坏的部分当然也以少为宜。

2. 特异骨格

在规律性的骨格中，部分骨格单位，在形状、大小、方向或位置方面产生变动，那就是特异骨格。

（1）规律转移：骨格中发生特异的部分是另外一种规律，并与原整体规律保持有机联系，那么这部分就是规律转移。

（2）规律破坏：骨格中发生特异的部分没有新规律，而是原整体的规律在一些地方受到干扰，这就是规律破坏。规律破坏的地方，骨格线可能互相纠缠、交错、断碎，甚至消失，但与原整体的规律骨格线保持联系，并且部位集中。特异骨格的设计，主要突出骨格本身的变化，不需要纳入任何基本形，也就是要在规律的骨格线和不规律的骨格线之间寻找联系，寻求骨格线本身特异的美。

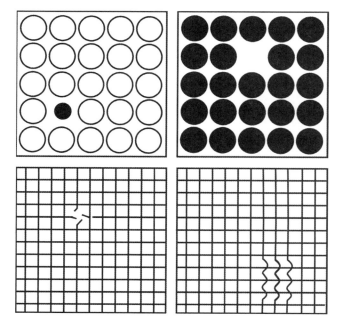

图4-43 特异骨格

作业题目：

1. 手绘或使用计算机完成特异作品两幅。

2. 利用照片、物体等素材，使原有特征发生特异性改变，制作作品两幅。

（以上题目任选其一）

图4-44 特异构成训练1 / 刘畅　　　　　　　　　　图4-45 特异构成训练2 / 王卉

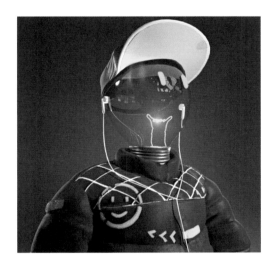

图4-46 NFT作品《Smlie-治愈灯泡》/ 顾欣蕾 / 指导教师 王泓贤

图4-46 作品用特异的表现形式将原本具有规律、秩序的画面构成打破，个别要素有意识地突破原有的形象，并使画面形成强烈对比，产生特异效果。

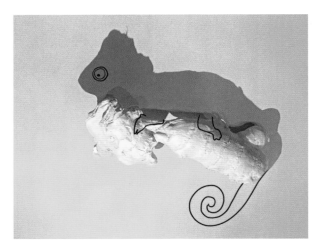

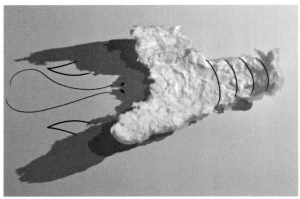
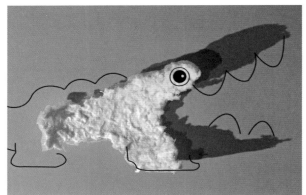

图4-47 摄影作品《无声》/ 王佳琦

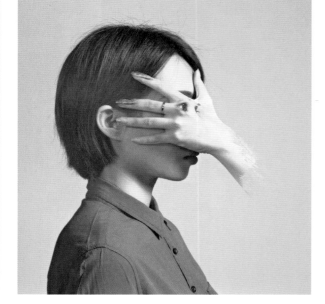

图4-48 摄影作品《视》/ 刘天成

图4-47、图4-48 作品采用了特异的表现形式，打破常规的视觉形态，而不破坏画面原有的平衡、和谐。特异构成借由画面形态的突变，赋予画面非凡的视觉表现力，从而满足受众求新的心理需求。

六、对比

　　大自然中到处都存在着对比的关系。任何自然形态都不会孤立地存在，它们相互依存、相互比较。协调求近似，对比则求变异。对比是有限度的，我们在"特异"的学习中，已经明显感受到对比的存在，虽然特异中存在着明显的对比，但也只是不失规律的差异或部分违反规律的差异，因此它们都是在相同中求不同，只是程度不同而已。这里的对比则是在不同中显示差异和近似，当然对比也是相对的、有弹性的。

　　对比不限于极端相反的情形。它可以是强烈的，也可以是轻微；可以是模糊的，也可以是显著的；可以是简单的，也可以是复杂的，总之对比就是一种比较。如一个单独的形象无所谓大小，但与较大的相比，则显得细小；与较小的相比，则显得巨大。对比的目的还是为了取得一种美的关系，因此对比和协调不是相对立的，而是对立统一的，即对比与协调是一个相互依赖的整体，应在对比中求协调，协调中求对比。要想在对比中求协调，一般在对比双方或多方应有一个因素相近或相同，或者互相渗透，你中有我，我中有你，但同时双方各自保持独立的特征。大部分基本形只要处于相异的状况，都可发生对比，如粗细、长短、大小、黑白、软硬、方圆、曲直、规则与不规则、收缩与扩张等。（图4-49至图4-55）

　　1．对比协调的方法如下：

　　（1）保留一个因素相近或相同。例如，方与圆形状完全不同，对比强烈，但有一个共同的因素黑色，则对比中就有了协调。

　　（2）彼此相互渗透。甲、乙、丙三方对比强烈，但甲中有乙、丙的成分，乙中有甲、丙的成分，丙中有甲、乙的成分，则三者既对比又协调。

　　（3）利用过渡形。在对比双方中设立兼有双方特点的中间形态，使对比在视觉上得到过渡，也可取得协调。如黑色与白色对比强烈，可添加一块灰色来协调，且灰色的层次越多，对比越柔和。

　　2．对比的主要形式

　　（1）形状对比：指在相同数量的基本形中进行形状不同的对比。

　　（2）方向对比：在基本形有方向的情况下，大部分的基本形方向近似或相同，少数基本形方向不同或相反。

　　（3）位置对比：当基本形在画面内排列时，空间不要太对称，应注意上下左右空间的均衡，在不对称中保证平衡的基础上，从中得出多种疏密对比。

　　（4）虚实对比：虚空间与实空间的对比就是图与底的空间对比。当图少底多时，底包围图，图突出；当图多底少时，图包围底，底突出；当图底面积相等时，虚形和实形同时突出，感觉上时而看到实形，时而看到虚形。倘若虚实形不仅面积相近，而且形状相同，则更是虚实相争。虚和实是同等重要的，画黑就是画白，画白就是画黑。一般图少时，应注意图的平衡；图底相等时，应注意双方都要保持平衡。

　　（5）显隐对比：基本形有显隐对比。一般基本形的明度与底的明度相近或相同时，基本形隐约可见，当基本形明度高于或低于底的明度时，基本形明显突出。显与隐同等重要，有了显隐对比，则会层次无穷。

　　（6）肌理对比：指在画面中作出不同的视觉肌理，从而形成的对比。

作业题目：

　　1．手绘或使用计算机完成对比作品两幅。

　　2．观察生活中对比的事件或具有对比属性的物体并拍摄下来，将拍摄的图片通过软件将之和谐地融合在一张画面上，完成系列作品两幅。

　　（以上题目任选其一）

图4-49 对比构成训练1 / 鲁成欣　　　　　　　图4-50 对比构成训练2 / 王莹

图4-51 对比构成训练3 / 董屿璇　　　　　　　图4-52 对比构成训练4 / 杨文静

图4-53 对比构成训练5 / 梁湘　　　　　　　　图4-54 对比构成训练6 / 刘畅

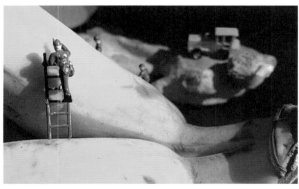

图4-55 微缩摄影《匠人》/ 杨雪

图4-55 对比是构成摄影的重要手段之一，可以分为影调对比、色彩对比、形态对比等，反差强烈的作品容易给人留下深刻的印象。作品使用大光圈虚化了后面的物体，突出了主体并呈现出繁而不乱的画面效果，同时融入了作者的主观思想，使不同的元素和谐地融合在一起。

七、密集

密集的构成表现形式是对基本形的一种组织编排方法，是指基本形在设计框架内，可以自由散布，有时稀疏，有时浓密，很不均匀，又无规律性。其基本形可重复、近似或渐变，追求疏密的节奏。凝聚、分散、排斥、吸引是物质的本性，它构成物质的内力，引起密集的运动变化。密集是一种运动方式，它可以体现疏与密、实与虚、松与紧的对比关系，并带有明确的节奏感和韵律感。在生活中，密集的现象有很多，如山上的森林、天上的白云等。密集的形态需要一定数量、方向的移动变化，常带有从集中到消散的渐移现象。在密集的构图中，可使基本形之间产生覆叠、重叠、透叠等变化，以加强构成中基本形的空间感。（图4-56至图4-58）

1. 密集骨格的形式

密集和对比一样没有骨格线，是一种非规律性的结构，但密集有引力点，引力点有能力将自由散布的基本形控制在一起，不至于散乱无序。

（1）向点密集：所有的基本形向一点凝聚，或从一点扩散。倘若向两点密集，则二者要有主次区分。

（2）向线密集：在画面中预置一条隐晦的线，使基本形形成向此线的密集。

（3）向基本形密集：在画面中预置一块隐晦的形状，从而形成向此形状的密集，其形状规则或不规则均可。

（4）自由密集：没有预定的形状作引力，只有无形的气脉作遥控，注重气脉和节奏的变化、疏与密的分布以及开与合的组织。

（5）联合其他有规律的骨格密集：在规律性的骨格中，一部分保持原有严谨的秩序，而另一部分骨格单位管辖的基本形发生位置变动并形成密集，可以形成特殊的疏密对比和紧凑的结构。

2. 密集的基本形

密集会使数量颇多的基本形形成疏密的变化，所以基本形面积要小，才能有密集效果。基本形的形状可重复、近似或渐变，不宜太杂。总之，形状不要繁，数量不要少，不然就形成了对比，而不是密集。密集主要突出基本形排列的动向和疏密，而基本形本身只是从属于其中。

作业题目：

1. 手绘或使用计算机完成密集作品两幅。

2. 拍摄或制作两幅具有密集形态的作品。

（以上题目任选其一）

图4-56 密集构成训练1 / 宋宇

图4-57 密集构成训练2 / 蔡明秀

图4-58 装置作品《高飞》/ 金子彭 马瑞圻 王鑫彤 黄婧 李赛蓝

图4-58 在大众认知中千纸鹤往往代表童年，但在此作品中它寓意着成长的历程，还有成长过程中对梦想的追求和对生活的祈盼，是无数学子追求梦想道路上精神和心灵的寄托。用密集的表现形式对千纸鹤进行不规则的悬挂，大小不一的纸鹤和虚实相间的投影，共同呈现出韵律之美。作品构成考究，新颖的视觉角度和丰富的层次，强化了整体的纵深感和透视感。

八、肌理

肌理是形象表面的组织纹理结构，由于物体的材质不同，表面的组织构造也各不相同，因而会产生各种纵横交错、凹凸不平的纹理变化。肌理与质感含义相近，人们对肌理的感受通常基于触觉而产生，但由于长期的触觉体验与积累，在视觉上也能感受到质地的不同。不同的材质、不同的工艺手法可以产生各种不同的肌理效果，并能创造出丰富的视觉形象。（图4-59、图4-60）

肌理的表现技法是多种多样的，不同类别的笔能够形成各种独特的肌理痕迹，也可用画、喷、洒、擦、染、淋、浸、熏炙、拓印等手法制作肌理效果。还有很多的材料可以利用，如木头、石头、玻璃、布料、海绵、纸张、颜料、食盐、化学制剂等。

视觉肌理制作的表现技法如下：

（1）绘写法：用各种笔进行自由绘写或规律绘写都可形成精美的肌理。

（2）拓印法：将一个凹凸不平的物体的表面纹理印在另一个平面上。

（3）熏炙法：纸张表面用火熏烧，使纸的表面熏黑或形成一种燃烧后的纹理痕迹。

（4）刻刮法：刮、撕或铲去物体表面的部分，形成斑痕。

（5）着蜡法：在纸上着蜡，然后涂上颜料，使着蜡的部分无法上色。

（6）拼贴法：用各种纸张、报纸、图片或布块等经过裁剪后重新组合并粘贴于平面。

（7）自流法：将颜色滴入水中，用纸吸入，也可将颜色滴在光滑的纸面上，让颜色自由流淌或用气吹，形成自然纹理。

（8）揉纸法：将质地韧性较好的纸拧、捏、揉出所需的纹理，再将纸平展开，着色完成后将纸裱平。

视觉肌理可用多种方法制作，它能够给视觉带来特殊的美感。

肌理在构成时还可利用现成的肌理材料，如纸、布、线绳和金属片之类，经磨剪后，拼贴于平面上。也可以改造原有肌理材料，创造出有趣的新肌理，如布满锤痕的金属片、充满针孔或压痕的纸以及刻雕的木片。还可进行肌理的重新组织，以细小或化作碎片的材料，创造新的肌理表面，如利用种子、豆类、沙粒等排列起来即可形成新的表面。

图4-59 摄影作品《波光粼粼》/ 袁一铭

图4-59 作品利用投影投射到衣物上呈现出波光粼粼的肌理效果，着重强调人与光影之间的互动关系，也是对未来世界科技发展后，新的试换装形式的一种发散式设想。作品明暗对比强烈、颜色层次丰富，用同一视觉语言通过不同的光影与运动塑造出不同的形象，带来不同的艺术感受。

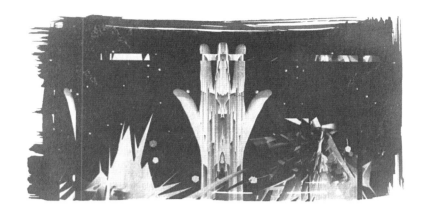

作业题目：

1. 手绘完成肌理作品两幅。
2. 寻找生活中自然形成的肌理，使用拍摄或拓印的方式采集，并制作出具有主题的两幅作品。
（以上题目任选其一）

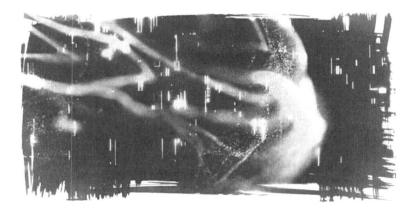

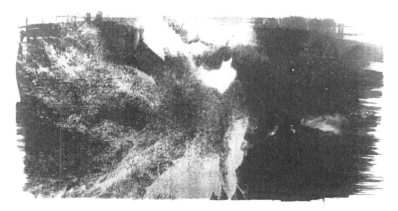

图4-60 作品为一件蓝晒作品，通过将水果、咖啡、茶中所含的酸物质与蓝晒药液发生反应，从而达到意想不到的艺术效果，是一件探索而成的作品。作者将自己的观念通过数字化编程语言进行处理，生成理想图像，并利用特有的蓝晒配方进行化学显影。画面肌理效果生动，想法新颖，笔触细腻，构图完整，表现力强。

图4-60 蓝晒作品《时间印相》/ 关丽娜　王敏琪

第二节　综合构成训练

一、自由主题

　　要求：可以选择以下任一主题，畅快、愁苦，理性、感性，嘈杂、平静，尖锐、柔滑，舒畅、憋闷，疯狂、淡定，用构成的表现形式设计，注意画面的整体性与协调性，体现出空间层次感。

　　设计方法：既可以通过点、线、面概念元素进行形状、大小、位置、方向等组合，也可以通过一个对比的参照物，进行形态间的疏密、虚实、显隐、多少、色彩、空间、肌理、方向等对比组合，可以是具象的图像、文字，也可以是抽象的符号或图形。（图4-61至图4-84）

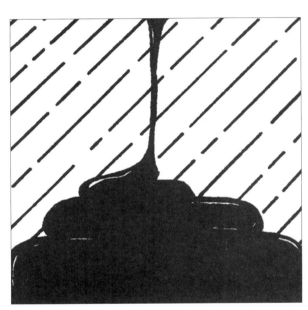

图4-61 畅快 愁苦 / 陈朋

图4-62 理性 感性1 / 辛洪菲

图4-63 理性 感性2 / 范雨婷

图4-64 理性 感性3 / 汪睿

图4-65 理性 感性4 / 邓志鸿

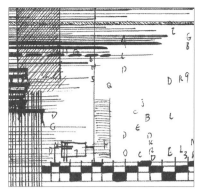

图4-66 理性 感性5 / 卢芊若

图4-67 理性 感性6 / 郑荣鹏

图4-68 理性 感性7 / 张蒙

图4-69 理性 感性8 / 王诗涵

图4-70 嘈杂 平静1 / 辛洪菲

图4-71 嘈杂 平静2 / 曲怡璇

图4-72 尖锐 柔滑1 / 王浩然

图4-73 尖锐 柔滑2 / 邓志鸿

图4-74 尖锐 柔滑3 / 闫鑫月

图4-75 尖锐 柔滑4 / 李宜璇

图4-76 尖锐 柔滑5 / 郑荣鹏

图4-77 尖锐 柔滑6 / 于馨瑶

图4-78 尖锐 柔滑7 / 李晨萌

图4-79 舒畅 憋闷1 / 廉羽佳

图4-80 舒畅 憋闷2 / 许玲源

图4-81 疯狂 淡定1 / 邓志鸿

图4-82 疯狂 淡定2 / 廉羽佳

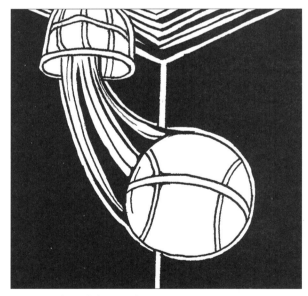

图4-83 疯狂 淡定3 / 闫鑫月

图4-84 疯狂 淡定4 / 王雨晨

图4-61至图4-84 每张作品都能够明确地表达出设计主题，同一主题使用不同的表现方式，形式新颖、画面丰富，具有独特的艺术魅力。

二、特定主题

在做设定主题训练时可以设定一些具有地域文化特征的主题，如东北的冰雪主题、南方的建筑主题等。

主题：雪

设计方法：熟练掌握形的创意方法，将构成的关系元素按照一定的秩序和法则进行组合，注意空间、节奏、韵律的表现。可以围绕主题展开"头脑风暴"并进行表现与设计，再循序地赋予其更深层次的含义。（图4-85至图4-116）

图4-85 主题训练1 / 王小宣逸

图4-86 主题训练2 / 杜思欧

图4-87 主题训练3 / 王小宣逸

图4-88 主题训练4 / 王小宣逸

图4-89 主题训练5 / 黄瑞祺

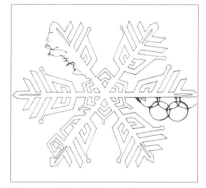
图4-90 主题训练6 / 温馨

图4-91 主题训练7 / 陈倩倩

图4-92 主题训练8 / 郑荣鹏

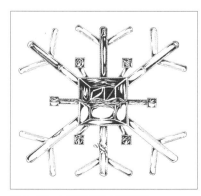
图4-93 主题训练9 / 郑荣鹏

图4-94 主题训练10 / 刘武

图4-95 主题训练11 / 李云鹏

图4-96 主题训练12 / 陈明

图4-97 主题训练13 / 刘羽婧

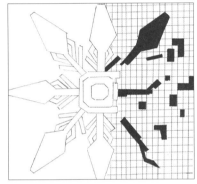

图4-98 主题训练14 / 黄瑞祺

图4-99 主题训练15 / 李云鹏

图4-100 主题训练16 / 郑荣鹏

图4-101 主题训练17 / 聂君桐

图4-102 主题训练18 / 朱亚南

图4-103 主题训练19 / 姜一鸣

图4-104 主题训练20 / 王雨晴

图4-105 主题训练21 / 张竞远

图4-85至图4-105 通过对"雪花"元素提取，将雪花作为基本形，运用打散、放射等手法进行主题构成训练，展现出多种形态的雪花与不同寓意的画面。

图4-106 主题训练22 / 姜红霞

图4-107 主题训练23 / 姜红霞

图4-108 主题训练24 / 姜红霞

图4-109 主题训练25 / 王诗涵

图4-110 主题训练26 / 王诗涵

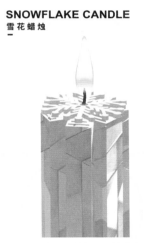

图4-111 主题训练27 / 韩依凝

087

图4-112 主题训练28 / 谭鑫

图4-113 主题训练29 / 李丹

图4-114 主题训练30 / 李丹

图4-106至图4-114 以上作品都是以雪花为主题的数字作品，学生将雪花与日常元素相结合，赋予了雪花不同的意义。

图4-115 微动态数字作品《消融的第二乐章》/ 鲍永亮 赵明明

图4-116 微动态数字作品《礼物》/ 鲍永亮 赵明明

图4-115、图4-116 这两件作品都是以雪为主题的微动态数字作品，第一件作品表现的是一颗微尘自高空落下，凝结、幻化成美丽的雪花。作者通过"数字"的干预，使雪花"曲折""慢"下来，让人们能静下心来思考、欣赏与品味雪的自然之美。第二件作品将雪比喻成"礼物"送给观赏作品的观众。作者认为数字技术不仅要还原自然之雪，还应该催生关于雪的情与感。这两件作品将焦点对准在飘落的雪花上，虚化背景，增加空间感的同时也使主体物更加突出。

作品视频

第三节　空间构成

空间是具有高、宽、深的三维立体结构。从造型的角度看，任何一个形象或形体都有上下、左右、前后的三个维度。在二维的平面中运用各种表现元素体现三维的立体效果，这就是空间构成的目的。在平面艺术中，空间感只是一种假象，三维空间是二维空间的错觉，其本质还是平面。

数字媒体艺术所探讨的"数字空间"不是管理数据的系统，而是更加丰富的视觉乐园，具有高沉浸感和高参与感，是高仿真的、虚拟的、交互的。通过数字媒体所显示的空间内容，可以是一维、二维、三维以及四维的，同时也是丰富多样的，它包含的元素有文字、图形、图像、影像、声音等，能够满足人们全方位接收信息的需求。如数字主题场馆、数字主题公园、动画、游戏、影视等数字化场景。（图4-117）

一、空间构成方式

学习空间构成，可以提高设计者对形体与空间的掌控力，增强设计者的造型能力和逻辑思维能力。空间构成的方式有许多，本书主要分为在平面上形成空间感和创造矛盾空间两大类。

1. 形成空间感

在平面上形成空间感的因素主要有以下9种，在设计实践中，根据具体情况可叠加使用多种因素，同时要注意各因素的运用是否恰当、合适。（图4-118）

（1）覆叠：一个形象覆叠到另一个形象上时，就会产生一前一后或一上一下的感觉，即平面的深度感。

图4-117 MODOLI水上项目概念设计 / 鲍永亮

图4-117 作品中可爱的IP形象采用简洁的点、线、图形元素，给人以生动活泼的感受。虚拟的IP形象与现实空间同构在一起，为受众呈现出一个有趣的水上活动乐园。

（2）大小变化：人的视觉上有近大远小之感，所以大小变化越广，空间深度感越强。

（3）倾侧变化：由于倾侧在人的视觉中是空间旋转的结果，所以倾侧变化给人以深度感。

（4）弯曲变化：弯曲本身具有起伏变化，平面形象的弯曲会造成空间有深度的错觉，从而形成空间感。

（5）肌理变化：由于人的视觉感受是近看清楚，远看模糊，所以在视觉上，粗糙的肌理比细密的肌理显得更近，因此肌理变化也能形成空间感。

（6）明度变化：由于近处物体明度对比强，远处物体一般消失在背景中，明度对比弱，所以明度变化能够影响空间的深度。与背景明度相近者有隐退之感，反之则有突显之感。

（7）投影效果：由于投影本身是空间感的反映，投影的位置、强弱反映着物体的位置与距离的远近，所以借助投影效果也能够形成空间感。

（8）透视效果：在真实空间中，由于人的视点是固定的，视野是有限的，无论何种情况下，眼睛最多能看到物体的三面，离眼睛近，视角大，就会感觉大，离眼睛远，视角小，就会感觉小，这种透视原理会形成物体的空间感。

（9）面的连接：面的连接成体，面的弯曲成体，面的旋转成体，体是空间的实形，所以能形成体的面都具空间感。

2. 创造矛盾空间

从广义上讲，矛盾空间的构成在二维空间上存在，但在三维空间中是不可能实现的。它是通过视平线和消失点的增减，使画面的透视角度产生多种变化，利用平面的局限性以及视觉上的错觉，形成在现实中无法存在的空间，即矛盾空间。

（1）共用面：两个不同视点的立体形态，以一个共用面紧紧地连接在一起，构成了视觉上既是俯视又是仰视的空间结构，给人以闪动不定的错觉。（图4-119、图4-120）

（2）前后错位：由于两条交叉的线条在平面上既无前后之分，又无方向之分和体积之分，因此利用线条之间前后、左右的错位，可使画面产生矛盾。（图4-121）

（3）矛盾连接：利用直线、曲线、折线在平面中空间方向的不定性，使形体之间矛盾地连接起来。（图4-122）

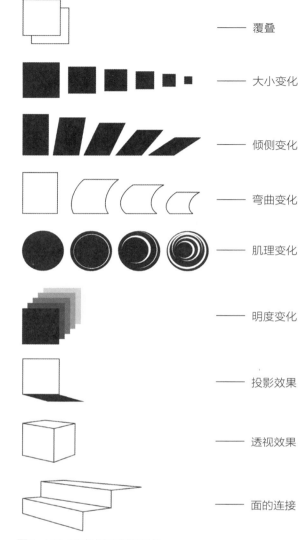

图4-118 形成空间感的因素

覆叠
大小变化
倾侧变化
弯曲变化
肌理变化
明度变化
投影效果
透视效果
面的连接

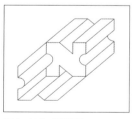

图4-119 共用面

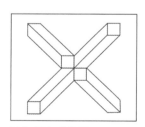

图4-120 共用面

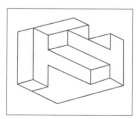

图4-121 前后错位

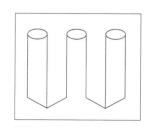

图4-122 矛盾连接

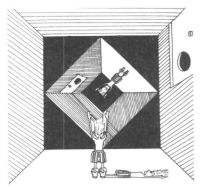

图4-123 课堂练习 / 赵帅

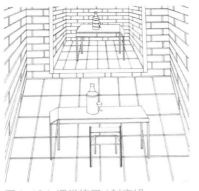

图4-124 课堂练习 / 封安旭

图4-125 课堂练习 / 毛雨铭

矛盾空间的构成，要巧妙地利用视觉错觉，创造出非真实而又可见的视觉空间。这种构成形式对于启发设计者的想象力和开拓思维具有积极的意义。（图4-123至图4-125）

二、空间构成训练

现实中的空间是三维的，如何用构成的基本元素点、线、面来表现三维空间，并将三维空间二维化、平面化，是此部分训练的重点。（图4-126至图4-133）

要求：灵活运用构成的表现形式与空间构成的方式，设计空间作品。

设计方法：在设计时不要单纯地将三维空间转化成二维图形，要融汇以往的练习内容，在对空间形成整体把控的同时，使设计的作品更具形式感。注意画面的整体性与协调性，体现空间层次感。

图4-126 空间构成训练1 / 刘璐

图4-127 空间构成训练2 / 宋佳玮

图4-128 空间构成训练3 / 张智锋

图4-129 空间构成训练4 / 程馨慧

图4-130 空间构成训练5 / 阚然

图4-126至图4-130 作品将平面形态要素按照渐变、对比、重叠等方式进行构成设计，在平面中创造出具有纵深感的三维立体空间。

图4-131 CG作品《一号起源》/ 邱炳皓 王正宇
王竞轩 陈谟正 李卓 / 指导教师 赵明明

图4-131 作品中多个画面采用均衡和对称的
构成方法，使画面既稳定、严肃、安静，又富
有变化，画面空间、透视层次丰富，具有很强
的视觉冲击力。

作品视频

图4-132 CG作品《戒之歌》/ 栾书航 / 指导教师　王泓贤

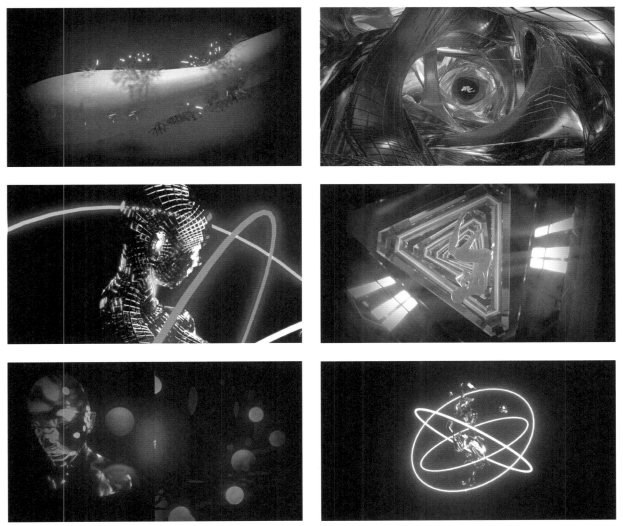

图4-133 CG作品《奇点》/ 李柄杉　历曼婷 / 指导教师　鲍永亮

图4-132、图4-133 作品画面优美，洋溢着恬静的气息，给观者带来轻松愉悦的视觉感官体验。

作品视频

三、矛盾空间构成训练

在设计时，利用共用面、前后错位、矛盾连接等构成形式，引起画面中空间的混乱，形成在现实中无法存在的矛盾空间。（图4-134至图4-148）

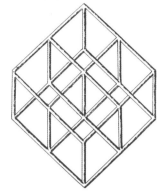

图4-134 矛盾空间训练1 / 罗瑞鑫

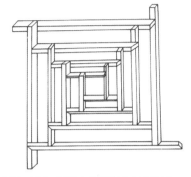

图4-135 矛盾空间训练2 / 王英楠

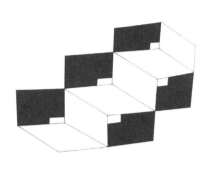

图4-136 矛盾空间训练3 / 李昕原

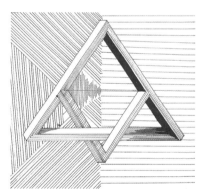

图4-137 矛盾空间训练4 / 王禹鑫

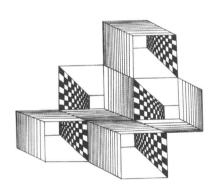

图4-138 矛盾空间训练5 / 王秋立

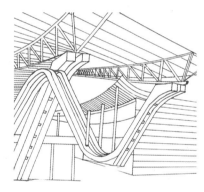

图4-139 矛盾空间训练6 / 张远

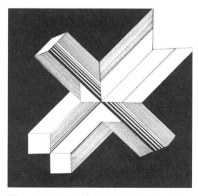

图4-140 矛盾空间训练7 / 唐丽苹

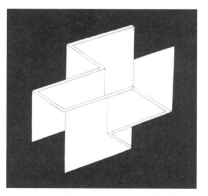

图4-141 矛盾空间训练8 / 郭佳音

图4-142 矛盾空间训练9 / 丁越

图4-143 矛盾空间训练10 / 魏萧光

图4-144 矛盾空间训练11 / 夏菲

图4-145 矛盾空间训练12 / 王玉琦

图4-146 矛盾空间训练13 / 张迪

095

图4-147 矛盾空间训练14 / 于海琳

图4-148 矛盾空间训练15 / 刘璐

图4-134至图4-148 利用共用面、前后错位及矛盾连接等构成形式形成现实中无法存在的矛盾空间。

第四节　动态构成

动态构成是在构成的基础上增加了时间延续和空间延伸的概念，具有变化的特性。由静态的构成转为动态的构成，伴随了更多的变化，承载了更大的信息量，使构成方法更多样、更细节、更复杂也更具视觉冲击力，不仅信息传达覆盖面更加广泛，同时也提高了信息传播效率，节省了人们理解内容的时间。动态构成丰富了审美体验，把握了内容的形式特征，梳理了内容脉络，形成特定的秩序感，表达出更加丰富的内涵。

运用动态构成规律，将基本形或复合形制作成动态构成作品，发掘动态构成的运动性、非线性的时间性、广阔的空间性、精准的语义性、即时的交互性、元素的代入性等特性，从结构美、形态美、意境美、节奏美四个构成原理去分析动态构成的动态美，融合创意并灵活运用动态构成方式，准确明了、简洁生动且不失个性化地传达出主题情感，使作品更具叙事美。

动态构成不仅是将二维的平面构成转化为数字的形式，打破静态的制约，也是关于动态的更深层次的设计，它具有叙述的特性与对运动方法的研究与设计，是具有创新性和表现力的作品表现形式。动态构成的表现形式与手段较平面构成更加多样化，由于科学技术为动态构成的制作提供了软件和硬件的支持，利用摄影、摄像、电子屏幕等器材可以直接拍摄、剪辑成动态构成作品，也能通过平面软件用平面的语言设计构成作品并使其产生运动，还可以运用三维软件直接设计空间感极强的动态构成作品，所以动态构成的作品对于技术软件要求更高。

动态构成作品更加符合人们的认知习惯，不仅简化了语义转化的环节，为观者节省思考时间，使观者能够更加轻松便捷地获取内容，获得更好的观感体验，而且提高了作品的辨识力，能够更准确地传递信息，给观者留下深刻的印象。

动态构成作品可以应用到许多领域，如游戏、影视片头、节目包装、商业广告、交互装置等，动态构成相比平面构成信息量大，应用范围更广，具有应用多元性的特点。

一、动态构成规律

动态构成规律包括以下的四种变化形式：

1. 基本运动

基本运动即保持基本形外观不变，在遵循视觉习惯和运动规律的基础上进行动态的变化。运动方式包括移动、飞进、飞出、前后、升降、淡入、淡出、放大、缩小、旋转、自由落体、弹跳运动等。这类动态的信息传达主要依靠静态构成的自身语义。

2. 结构变化

结构变化是将基本形的局部或整体进行改变。变化方式有集中、扩散、虚化、断裂、渐变、打散、重构、重叠、空间变化、纹理变化、形态变化等，这种动态形式往往能给人带来夸张、奇幻的效果。

3. 节奏变化

节奏变化是指利用速度的变化使构成内容产生节奏感，使人感受到流动美、节奏美、韵律美。节奏变化包括快速、慢速、加速、减速、变速、定格等。不同的速度变化带给人的视觉冲击力也不同，随着画面的运动，构成内容也会产生情节变化。

4. 寓意变化

这类动态构成是将构成元素进行语义上的改变。根据设计主题与元素特征进行情景变化，使画面变得丰富立体，从而进行多方位信息传达。带入情景后，画面语义会更加丰富、活跃、动感、立体，能够传达更多的信息内容、心理情绪与意境感。

将这几种变化形式结合在一起，能够产生千变万化的动态效果，使画面更加丰富并富有节奏感。当然，如果过多的变化形式掺杂在一起，会造成适得其反的效果。

动态构成形式多样，作品在设计与制作时可以使用各种硬件工具，如电脑、手绘板、摄影录像器材、发光设备等。同时，软件也是制作中不可或缺的工具，如图形图像软件Ps、Ai，特效合成软件Ae、Nuke，三维制作类软件3D Max、Maya、C4D、Blender、ZBrush，三维贴图材质绘制软件Substance Painter、Substance Designer、Quixel Mixer、Quixel Bridge、RizomUV，三维特效类软件Houdini、Notch，游戏2D动画类软件Spine、Live2D，游戏类实时渲染交互引擎Unreal Engine、Unity等。这些软件的配合使用可以制作出更加出色的动态效果。软件与硬件相辅相成，可以制作出完整的图形、音效、动态效果、动态视频等。这些多样化的表现手段、多元的呈现形式都为动态构成设计提供了前所未有的可能性和丰富性，也为不同的主题和情景提供了更多动态构成方式的选择。

二、动态构成思维

数字媒体艺术专业的学生在创作作品时，尤其是影视、动画、游戏类作品，连贯性思维的训练是必不可少的，该部分以提升连贯性思维为目的，要求同学在创作时通过基本形、复合形的变化过程形成一系列抽象的、有创意的、具有连贯性的故事画面。

1. 连贯性思维

要求：完成动态构成作品一套，可以由一种元素变化为另外一种元素，也可以通过画面讲述一小段故事，画面要连贯。

设计方法：在动态构成变化过渡中，注意中间的变化过程要合理，不能跳帧，并且要注意画面的整体性与协调性，在表现变化内容的同时注意构成规律与方法的合理运用。（图4-149至图4-154）

图4-149 作品将狐狸的形象打散，重构成飞鸟、齿轮。在分割的过程中保持了画面的连贯性。特异、发射、密集等构成表现形式的运用也使作品更加活泼。

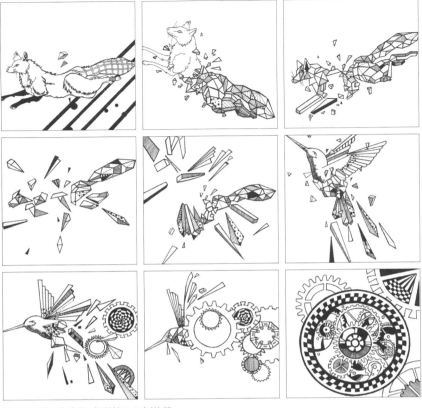

图4-149 动态构成训练1 / 辛洪菲

图4-150 作品运用渐变的构成表现形式，通过打散重组将具象的人脸图形渐变为老虎图形，在过程中由点、线、面渐变成立体空间，画面表现丰富生动，吸引观者的眼球。

图4-150 动态构成训练2 / 李蕾

图4-151 动态构成训练3 / 陈璐

图4-151 作品以钟楼的对称图形为基本形,在基本形的基础上向后推远镜头,将楼房街道进行元素分割,打散重构成地球村,再向后移动镜头至太空,以打散的形式再次使画面发生变化,之后以异质同构的方式将元素进行了多次组合,生成不同的复合图形,使设计思想得到进一步的延伸。

图4-152 动态构成训练4 / 符芳赫

图4-152 作品由三维软件制作完成,记录了一个瓶子由生产到售卖的趣味过程。作品采用渐变、发射、特异、近似等构成表现形式,构图和谐,形式丰富,节奏感强,每幅画面都给观者带来不同的心理感受。

099

 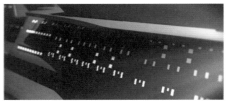

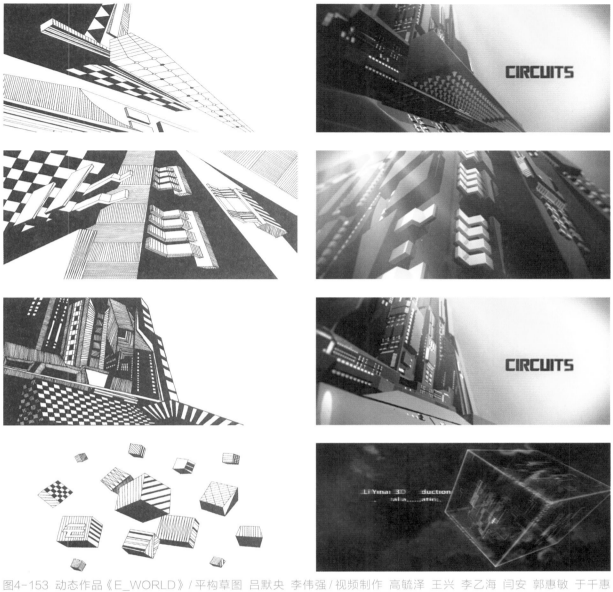

图4-153 动态作品《E_WORLD》/ 平构草图 吕默央 李伟强 / 视频制作 高毓泽 王兴 李乙海 闫安 郭惠敏 于千惠 刘志强 张恒

作品视频

图4-153 作品在设计前先绘制静态脚本，运用构成规律将二维视觉元素拆解成零散的物件，按照规律的运动、分解、组合表现将人物单独拍摄，蓝棚抠像处理在画面中形成大与小的对比关系。该组作品视觉表现运用了发射、渐变、空间的效果，画面和谐，视觉效果震撼。物件之间的排列穿插符合运动规律，是理性与感性相结合创作的作品。

作品视频

“幻雪”数字摄影作品展
SNOW FANTASY DIGITAL PHOTOGRAPHY EXHIBITION

图4-154 这是一组雪团沿着山脉飘动继而汇成主题标志的动态作品。作品采用密集、发射的构成手法，通过疏密、虚实的对比，使画面具有更强的张力和动感，飘逸的视觉体验为观者带来实体感和触觉感。借冰天雪地之势，扬绿水青山之长。作品通过数字摄影的手法，将中华传统文化与冰雪精神有机融合，促进了冰雪文化与数字技术的融合创新，同时也展示了中国的精神风貌。

图4-154 动态片头《“幻雪”数字摄影作品展》/ 李南南

2. 特定区域连贯性思维

在特定区域内自定主题，通过元素的运动形成一系列具有故事情节的构成作品。要求创意新颖、故事连贯。可以添加辅助元素使画面更加完整。（图4-155至图4-158）

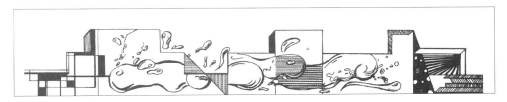

图4-155 特定区域训练1／丁越

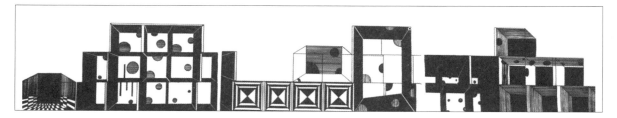

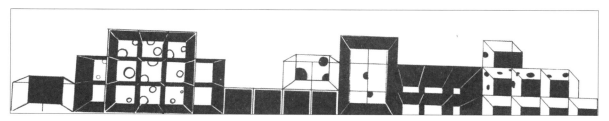

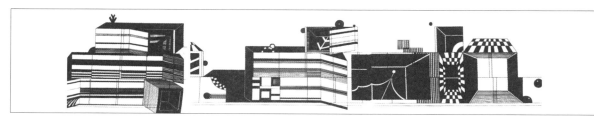

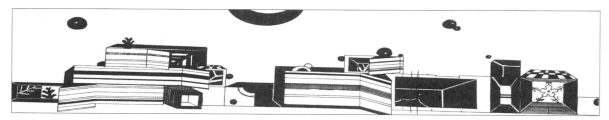

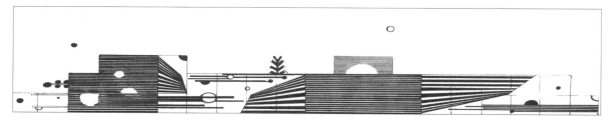

图4-156 特定区域训练2 / 赵子轩

图4-157 特定区域训练3 / 郑雪

图4-155至图4-157 这几件作品在固定区域中通过画面的渐变形成连贯的情节，并保持整体画面的连续性与逻辑性。

图4-158　3D Mapping作品《贰拾壹》/ 周同尧　李南南　汤阔

作品视频

图4-158　在科技快速发展的时代，作为文艺从事者应紧跟时代步伐，面向现代化、面向世界、面向未来，守正创新，推动艺术教育信息化、数字化建设，作品是一件3D Mapping作品，两台投影机显示系统对特效影像画面进行几何校正及边缘融合，在二维平面上显示三维立体动画画面。它打破了物理空间，让物体表面转变成现实立体的动画，实现奇幻影像视觉效果，产生强烈的视觉冲击力。在制作过程中通过对投影物体取景、观察，建立相应的三维模型，并根据投影机投射的位置、方向和角度等因素来建立坐标，最后经过投影变换达到效果。

三、动态构成方式

1. 以静态呈现（照片）的方式记录动态构成作品

利用单反（不局限于单反）相机的延时摄影功能，记录包含时间属性的作品。延时摄影，又叫缩时摄影、缩时录影，它可以将物体或景物缓慢变化的过程记录、压缩到一张静态画面上，呈现出人眼无法看到的奇异画面。我们可以利用这种摄影方式呈现具有动态构成元素的静态作品。延时摄影通常应用在拍摄城市生活、自然风景、天文现象、建筑制造、生物演变等题材上。

静态呈现方式从运动记录形式上大致分为：内部运动、外部运动以及综合运动。内部运动是相机不动，通过慢速快门拍摄物体运动轨迹完成由点成线、由线成面，具有动感的静态画面；外部运动是拍摄对象不动，通过相机或焦距运动完成拍摄；综合运动是叠加上述两种运动形式进行拍摄。根据创作目的选择适当的运动记录形式，可以在静态呈现中表现出具有运动感、空间感、节奏感同时具备重叠、近似等构成效果的画面。（图4-159至图4-164）

该部分主要是培养学生观察、感受生活之美，运用多种创意方式，捕捉美的瞬间，同时锻炼学生的动手能力以及创新能力。如夜晚的光绘作品，拍摄的静物、人物等作品。

要求：利用一件带有光源的物体，通过照相机的延时摄影功能完成一组具有构成效果的作品。画面构图要统一，要清晰完成上述三种运动形式。

设计方法：在创作前要着重构思表达主题、构图、光源种类、拍摄地点等，可以尝试多次试拍，并通过比较，挑选一件画面更符合自己想法的作品。制作工具可使用单反相机、三脚架、LED光源等。

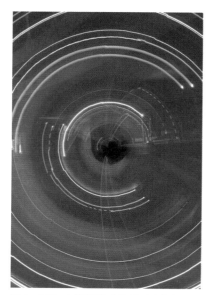  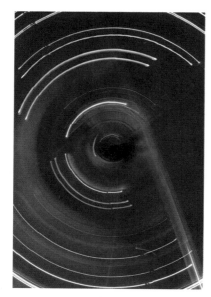

图4-159 内部运动 / 范舜 刘威宏

图4-160 外部运动 / 刘威宏

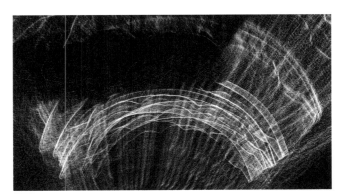

图4-161 综合运动 / 刘威宏

图4-162 静态摄影《光轨》/ 刘崴宏

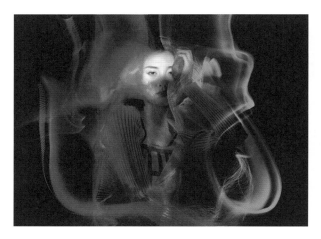

图4-163 静态摄影《静》/ 李博煜 / 指导教师 范嵬玮

图4-159至图4-161 作品以光为主体内容，分别完成光的内部运动、外部运动、综合运动三种方式，光是最容易表现运动轨迹的一种介质。内部运动由于光源的限制形成的画面相对简洁，外部运动相对画面会复杂一些，通过相对静止的广告牌与霓虹灯，运用相机进行慢速快门拍摄。综合运动通过被摄主体进行匀速运动，运用相机的慢速快门进行匀速拍摄，完成作品的复杂呈现。

图4-162 《光轨》是典型的内部运动，被摄主体人物处于静止状态，通过后边的led灯处于运动状态进行慢速快门拍摄，达成图片呈现效果。

图4-163 《静》光绘的主要实现原理是利用人手的舞动，相机长曝光模式拍摄光源的移动轨迹，本质就是利用慢速快门，根据光绘的复杂程度，设置不同的曝光时间，拍摄出的画面。

图4-164 静态摄影《光绘与人像》/ 吴子静　梁阔

图4-164 《光绘与人像》是一套创意摄影作品，表现"人像瞬间、光绘延时"的设计理念，作品主要利用光绘的手法，数字影像处理软件作为辅助工具，让数码摄影作品和绘画达成完美结合，创作出具有韵律之美视觉作品。

2. 以动态呈现（视频）的方式记录构成作品

以动态呈现方式记录构成作品，从运动记录形式上也分为内部运动、外部运动、综合运动三种形式。相较于静态呈现，动态呈现增加了时间维度，更适合体现动态构成视觉美感。我们可以通过动态形式记录并呈现画面，如下落的物体、晕染开的水墨、纵横交错的车流等，不同的创作思路才能催生差异化的视觉表达。（图4-165至图4-167）

要求：通过影像的形式记录一段动态的画面，作品可以只注重表现形式，在娱乐中领会学习的乐趣，也可以通过记录的画面表达深刻的思想内涵。

设计方法：运用密集、发射、渐变等构成表现形式，注意形式上的创新。制作工具可以使用相机、摄像机、三脚架、影像剪辑软件等。

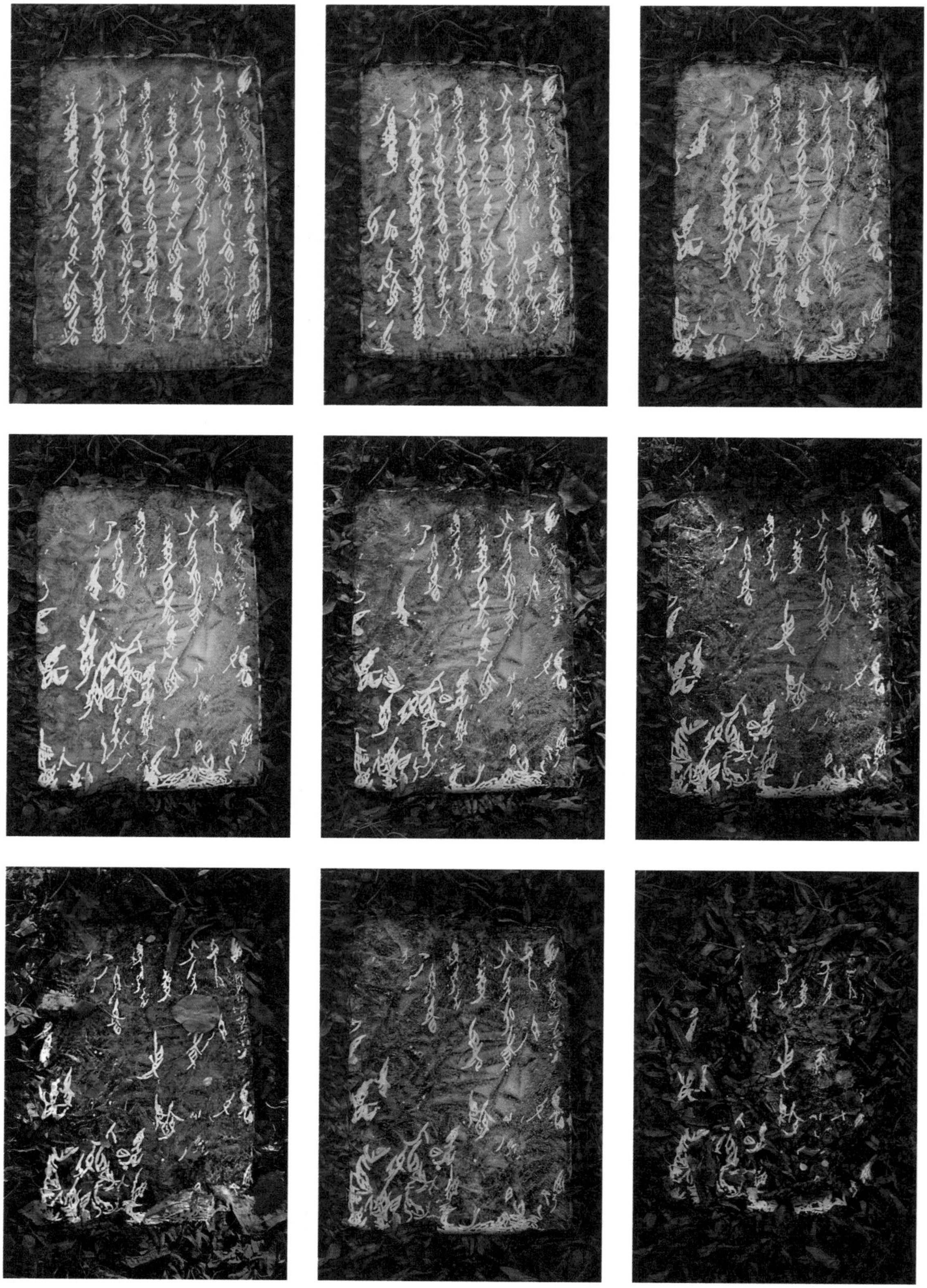

112

图4-165 装置作品《女书》/ 张瀚文 / 指导教师 颜成宇

图4-165 是一件内部运动作品。作者将冰作为承载"女书"的介质，通过丝网印的方式印刷在冰面上，随着时间的推移，冰块慢慢融化，文字发生移动并渐渐消逝。这1270张照片连贯成一件动态装置作品，作品充分展现了时间的特性，给人一种文化的流逝感，表达出女性为命运抗争的精神。

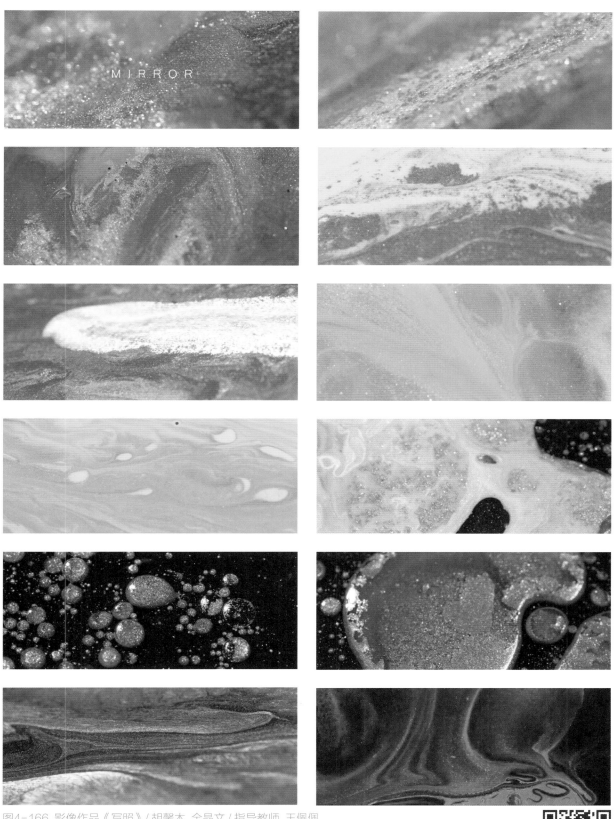

图4-166 影像作品《写照》/ 胡馨木 全晶文 / 指导教师 王佩佩

图4-166 颜料与颜料之间碰撞后形成的调和色、对比色、形状、肌理的异同关系使画面和谐统一。拍摄的构图面积比例协调，被放大的细节表现丰富，给人以迷幻、绚烂、神秘的视觉感受。

作品视频

114

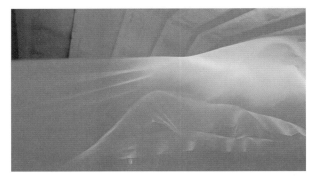

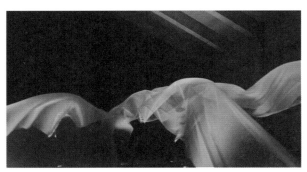

作品视频

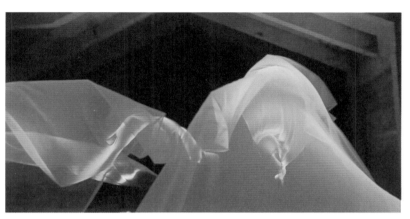

图4-167 作品利用轻纱在空间内自由飘动形成不规则的动态影像效果，整体视觉冲击感强。作品运用数字方式将传统的平面、色彩和立体组合在一起，结构严谨，富有极强的抽象美和形式感。

图4-167 装置作品《从海而来的另一片海》

策展人：孙博

艺术指导：颜成宇

装置策划：李祉欣 关丽娜

交互设计：李特 单龙威 王乐然

装置设计：关丽娜 王敏琪 周琳 李祉欣

视频设计：王敏琪 周琳 关丽娜 李祉欣

运动设计：周琳 王敏琪 关丽娜 李祉欣

声音设计：单龙威 李特

摄影：马鑫淼 王敏琪

展览统筹：王乐然 任龙 马鑫淼

第五章

一 **优秀作品欣赏**

第一节　装置作品

图5-1　微光幻影交互影像装置作品《栉》/ 信奥　庄之晗 / 指导教师　颜成宇　秦旭剑　李健　岳小颖

117

作品视频

图5-1　作品以竹子为主题，表现当下快节奏的生活中静谧与躁动之间的碰撞。以竹林光影原点发散思维，设计手法借鉴分割主义的表现方式，将集中的高亮度色彩进行光的混合，并用竹林来产生影子。光与影相互交织、相互渗透、相互呼应，其中包含点、线、面在空间里的组合，通过点、线、面之间的转化，自然地表现出画面的空间结构。这件作品并非像传统作品那样试图向观者讲授一个完整的故事或是一个道理，而是用自然界的竹子、风、半光纱、光、动态文字这些元素营造出一个"场"，使物体与光彩、空间完美融合，给观者营造沉浸式体验氛围。

图5-2 视听交互装置作品Living Coding Party / 李特 吴昊 陶雅荷 / 指导教师 颜成宇

图5-2、图5-3 作品为一件实时编码艺术作品，作品影像根据声音的节奏同步进行变化，听觉和视觉相结合，以图像的形态与声音的节奏，激起受众在情感上的共鸣。运用实时生成声音与图像的技术产生视听一体化的震撼画面，是视觉和听觉的联通。

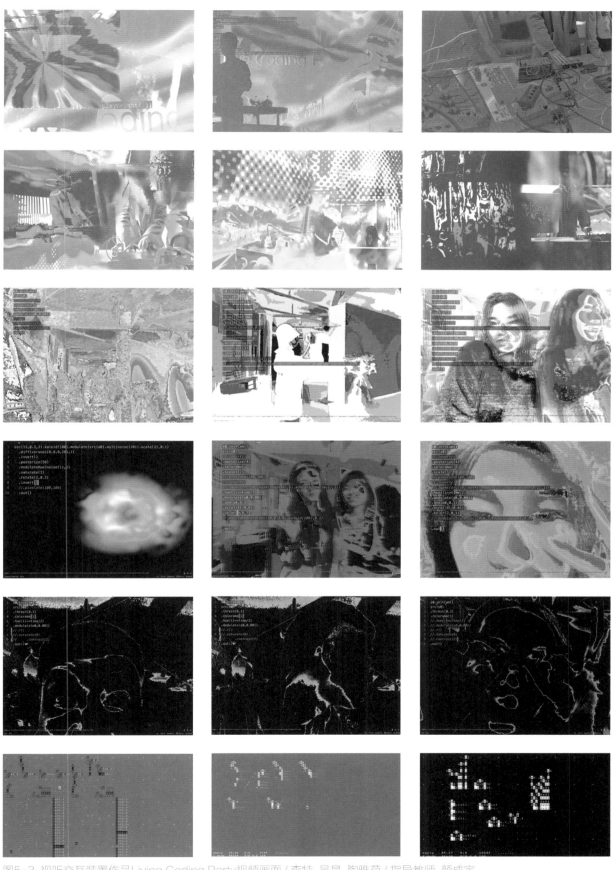

图5-3 视听交互装置作品Living Coding Party视频画面 / 李特 吴昊 陶雅荷 / 指导教师 颜成宇

图5-4 影像装置作品《流离》/ 王煜 马玉洁 梁宏碧 张鑫 向诗思 田娜

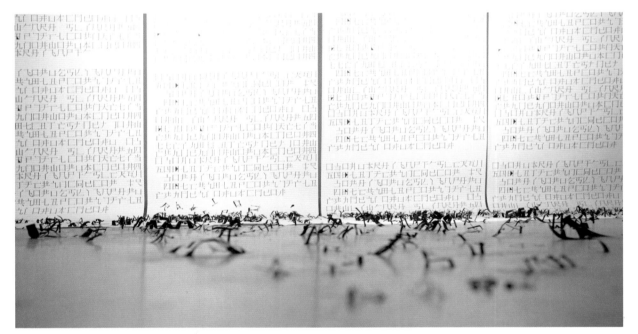

图5-5 信息设计作品《字字珠玑》/ 马雪晶 郭双 张蕾 李雪 庞宇静 王月

图5-4 作品以毕加索的绘画作品《格尔尼卡》为基础，对原画进行拆解，结合声音装置以及感应装置，制作出一个散点透视、形成错落式影像的装置作品，让参与者从不同角度进行体验。作品将新媒体技术与经典绘画作品结合，使体验者在错落、紧密的空间内更深层次地理解这幅《格尔尼卡》。为增强体验者的感受，作者在此装置中设计了昏暗的灯光，营造出令人惶恐不安的氛围，形成了强烈的视听冲击力。

图5-5 随着手机网络的发展，生活节奏加快，越来越多的人出现提笔忘字的情况。虽然从表面看是对字形的遗忘，实则是对汉字书写和传承的忽视。新时代的艺术创作应该从不同层面、不同角度，以不同形式展现中国形象的风采，传播中华文化的魅力。作品由文字笔画组成，疏密协调，空间立体，视觉冲击力强，呼吁人们在高速发展的科技时代不要忽视了汉字这一文化瑰宝。

图5-6 影像装置作品《躁》/ 周坤 祝伟娟 齐丹君 邹玮 黄欣琪 李欣

图5-7 影像装置作品《拯救濒危海洋生物》/ 张晓洋 韩琳 刘尊雪 田宇 田亚楠

图5-6 作品通过密集的、交叉的、不规则的线排列在一起，形成了具有透视效果的空间。同时在这些线上投影动态的影像作品，使作品的展示形式更加轻松，具有动感。

图5-7 作品通过大小不同、密集排列的几何体，形成疏密错落的空间关系，营造出逻辑感、秩序感，同时在几何体上投影出公益影像作品，呈现出严谨又富有变化的故事情节，体现出较强的形式美。

121

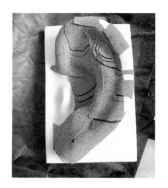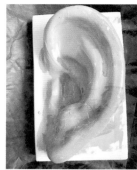

图5-8 交互装置作品《听·说》/ 张彦祺 刘珈辛 张新鹭 杨文君 / 指导教师 颜成宇

图5-9 交互装置作品《压力具象化》/ 张益族 乔毅 王天中 邹凯合 陈俊羽 / 指导教师 吉辰 肖洋

图5-8 作品通过石膏耳朵的造型、自由流动的色彩纹理，结合感应装置20～30分贝的交互声音，使观者在观展时，获得视觉与听觉的双重体验。

图5-9 人们在生活中总是会遇到不同程度的压力。这件装置作品通过四种感官体验将我们生活中看不见摸不到的压力具象化，展现压力给人心理上、生理上带来的不同影响。

图5-10 交互装置作品《熵遇》/ 石严 林恺予 林喆 吴科达 / 指导教师 李南南

图5-10 《熵遇》是一件交互作品，创作灵感源于对时代精神和数字媒体艺术的感悟，通过交互的方式引发观者的共鸣，用艺术的表现手法将崇高的精神价值内化于人的心灵。

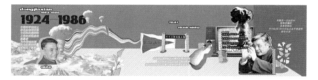

图5-11 交互作品《壹佰》/ 郭丹丹 李佳妮 许玲源 / 指导老师 李南南

图5-11 《壹佰》是为庆祝中国共产党成立100周年而创作的交互作品，讲述100位英雄模范的故事，激励新时代的我们也要像他们那样奋斗、坚守，共同谱写新时代的壮丽凯歌。

图5-12 平面摄影 / 王迹 刘维格

图5-12 定格拍摄法是时下流行的一种拍摄手段。照片上不仅是精致画面的呈现和情绪的表达，更是定格生活中的美妙瞬间，两者有机结合，正是摄影神奇的地方。

第二节　三维作品

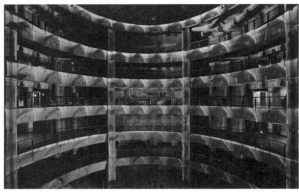

图5-13 多维光投影作品《结构主义》/ 梁岩 周同尧

图5-13 作品突破屏幕的概念，围绕着虚拟与真实来进行展现。通过虚拟主体来改变圆厅的建筑结构，9台投影仪覆盖半个圆厅，利用仿真虚拟结构透视的方法形成立体影像，实现了技术与艺术的融合。

图5-14 CG作品《鱼游四海》/ 鲍永亮

图5-14 作品构图中的线条纵横交错，具有强烈的形式美感，主体物突出，动静对比强。作品将所要表现的主体与设计思想有机地组织安排在画面中，使主题思想得到充分表达。

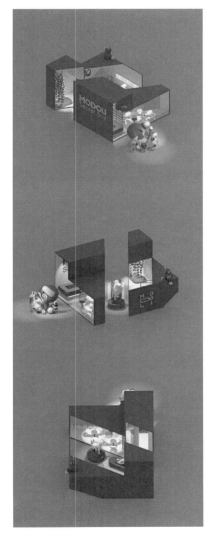

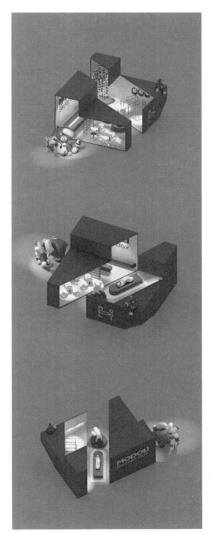

图5-15　MODOLI快闪店设计1 / 鲍永亮

图5-15 作品为快闪店的设计，店铺青春、现代风格浓郁，以错落的结构形成了较强的空间感，不同角度所带来的视觉感受也不尽相同，内部空间中的一些小元素也为整体作品增添了趣味性。

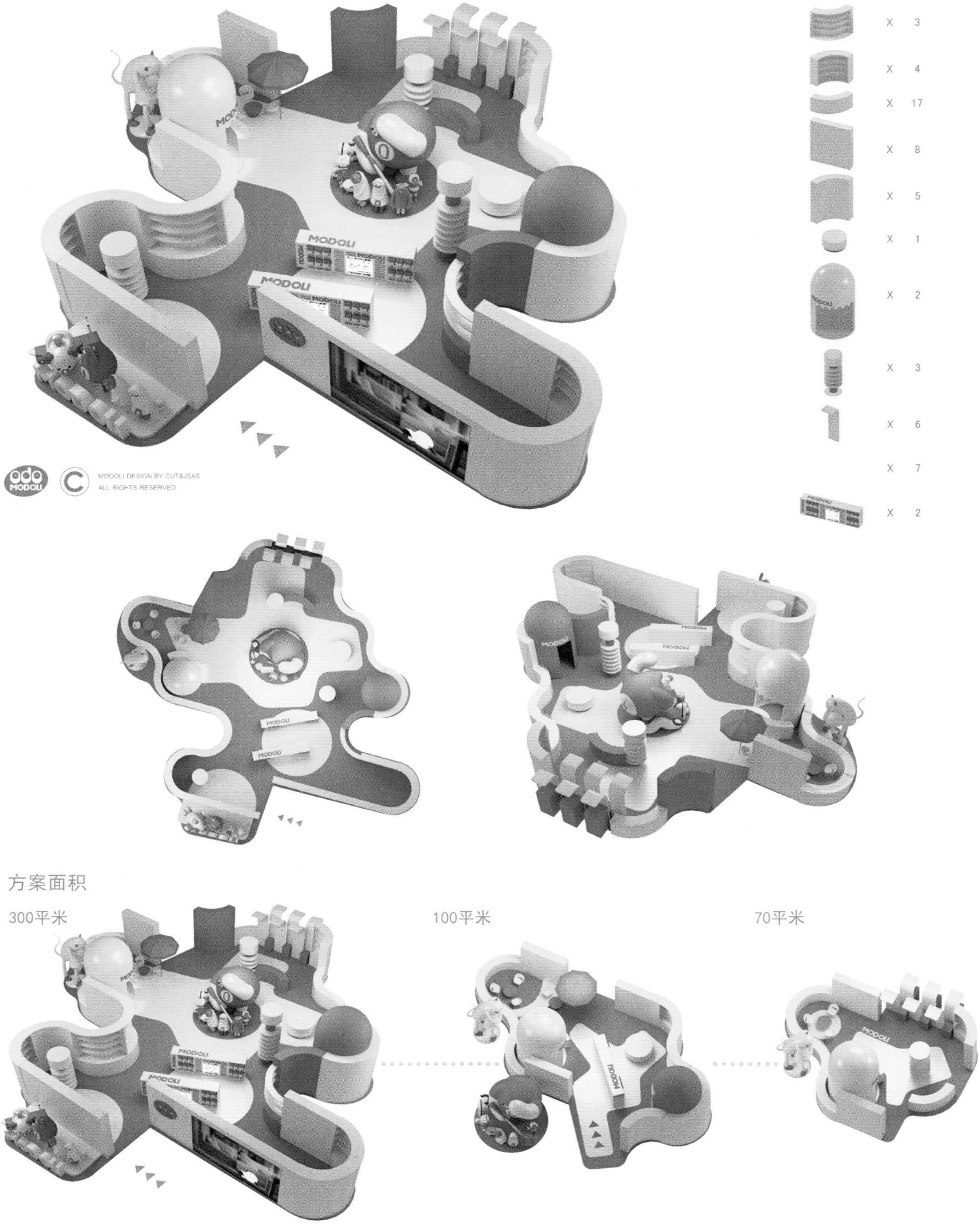

方案面积

300平米	100平米	70平米

图5-16 MODOLI快闪店设计2 / 鲍永亮

图5-16 作品采用了模块组合的方法，强调组合的随意性和趣味性，可根据用户的不同需求与空间的大小，对方案进行随时调整搭配。组件小，方便运输，可以重复利用，施工简单，易拼装，在满足空间功能需求的前提下，运用现代、简约的设计语言，体现了快闪空间的个性特质。弧线与直线的结合，保证了空间展示的视觉需求，强调了空间本身和结构之间的穿插关系，从而指明了人流路线。

图5-17 MODOLI潮玩MoonRiver系列 / 鲍永亮

图5-17 作品以"登月"为主题，将月球与"梦"融合在一起，运用点、线、面构成具有律动感的画面，通过元素的不规则排列、运动，使画面具有很强的形式美感。

图5-18 MODOLI数字短片《一饮而尽》/ 鲍永亮

图5-18 作品中的小鱼造型丑萌，水草、植物造型简洁、整齐，对比之下使画中小丑鱼更加吸引眼球，配合短小有趣的情节，引人会心一笑。

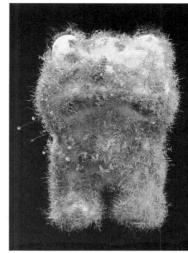

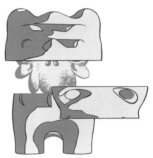

图5-19 地域IP作品《泥叫虎》/ 鹿中一 / 指导教师 鲍永亮

作品视频

图5-19、图5-20 作品采用多种风格对IP进行衍生设计，对同一IP赋予不同的性格与文化。色彩搭配使形象更具视觉吸引力，视觉上的构成变化使形象变得更有情感和故事性。

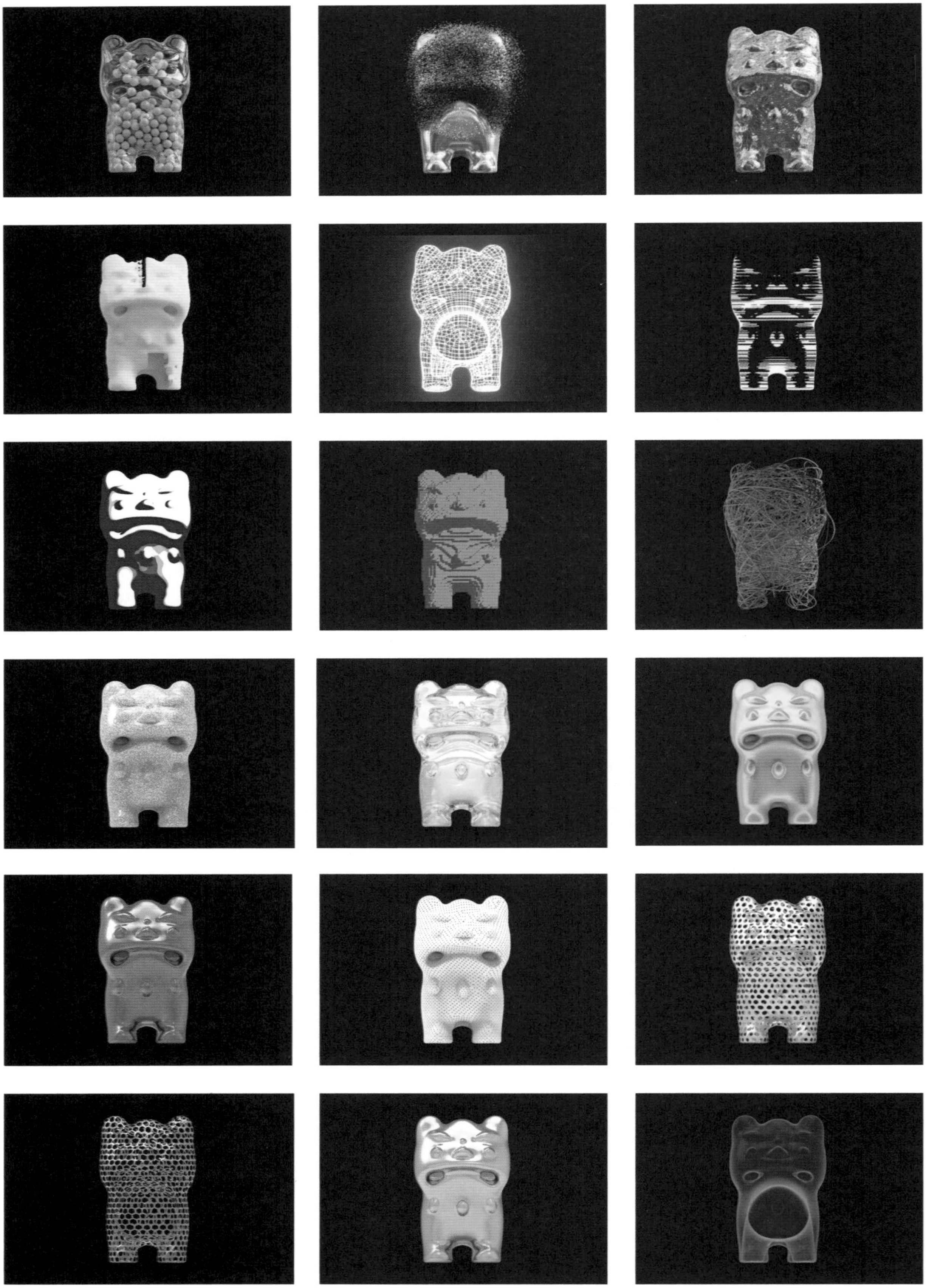

图5-20 地域IP作品《泥叫虎》视频画面 / 鹿中一 / 指导教师 鲍永亮

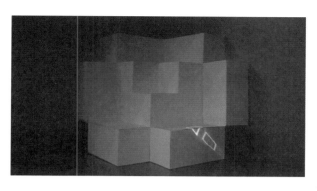

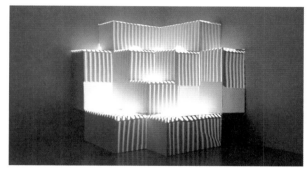

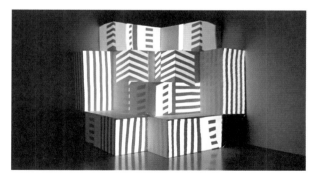

133

作品视频

图5-21 3D Mapping作品《空间》/ 李佳妮 郭丹丹
冯驿博 刘逸寒 / 指导教师 周同尧

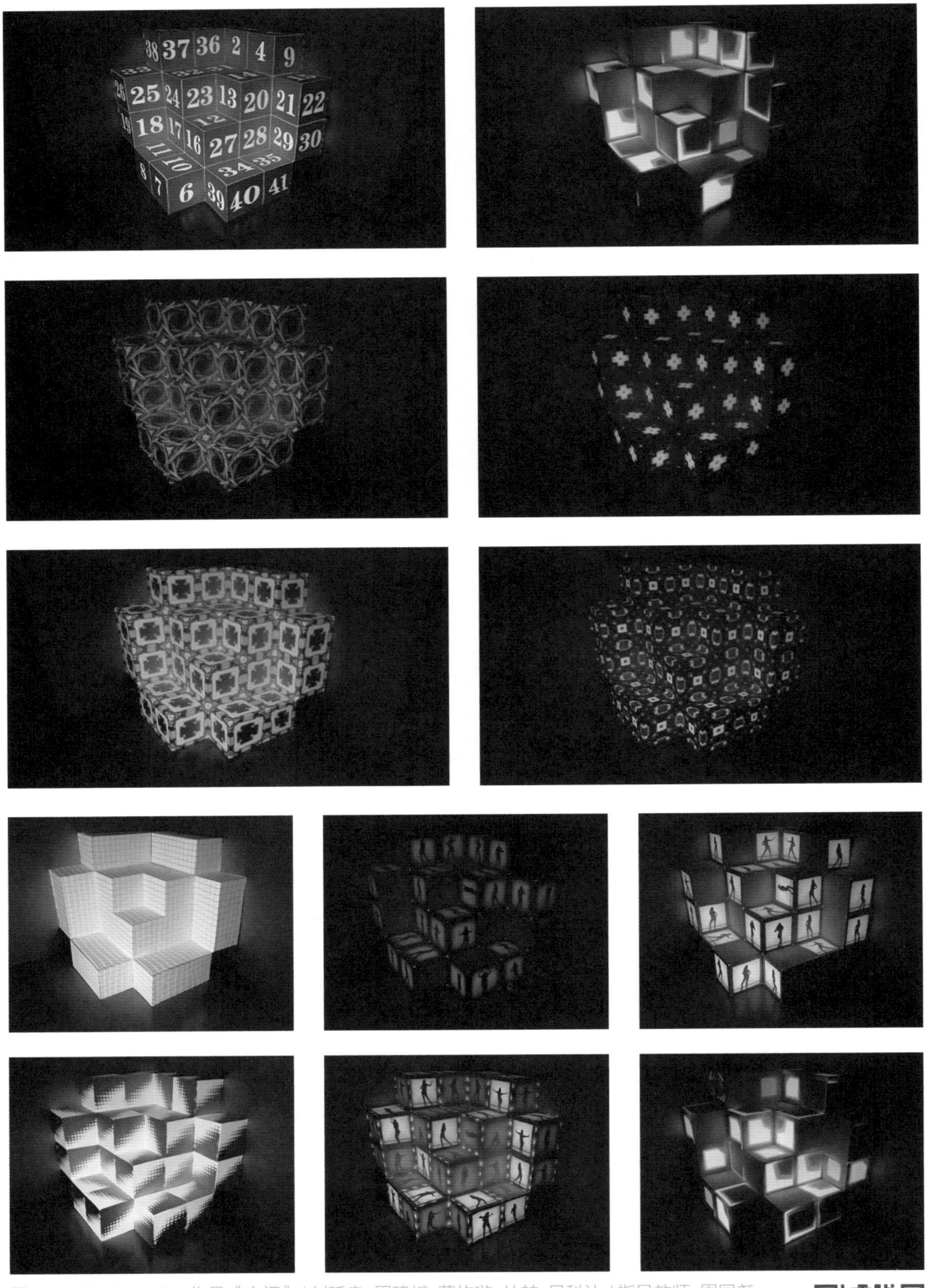

134

图5-22 3D Mapping作品《空间》/ 刘延良 周建斌 董屿璇 林喆 吴科达 / 指导教师 周同尧

作品视频

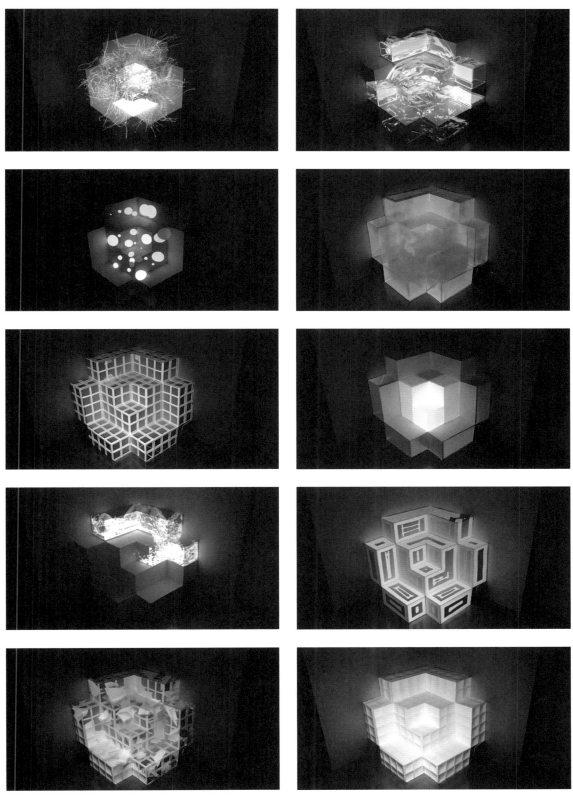

图5-23　3D Mapping作品《空间》/ 田仁慧　曲怡璇　李星灼　许玲　源李钰 / 指导教师　周同尧

图5-21至图5-23　该系列作品利用3D Mapping技术将影像投射到几何体上，通过一个个方块的演绎描绘出绚丽的世界，每一个平面即是一个小的世界，它们之间碰撞聚散形成新的世界，无尽循环。

作品视频

第三节　海报作品

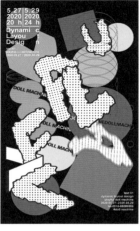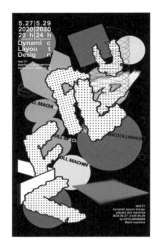

图5-24　动态海报PLAYFUL / 许玲源 / 指导教师　傅皓玥

图5-25　动态海报《欲望》/ 林恺予 / 指导教师　傅皓玥

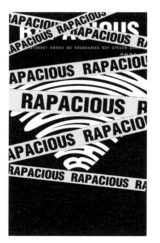

图5-26　动态海报《罪恶感》/ 盛晗薇 / 指导教师　傅皓玥

图5-27 动态海报EDACITY / 石严 / 指导教师 傅皓玥

图5-28 动态海报《吞噬》/ 汤雨薇 / 指导教师 傅皓玥

图5-29 动态海报《贪占》/ 夏森钰 / 指导教师 傅皓玥

图5-24至图5-29 当下海报设计的方式已经从单向发展到多向,从过去的平面、静态到动态、互动。作品综合了图标、文字、图像、声音等元素,有计划、有逻辑地向观众展示海报内容。

图5-30 动态海报《变革》/ 郭昱峰

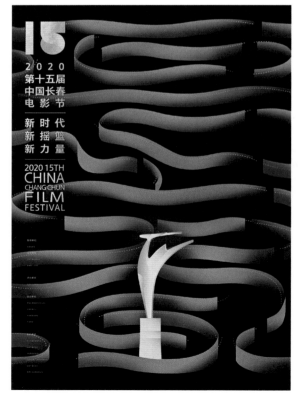

图5-31 第十五届中国长春电影节海报设计 / 郭昱峰 尹星雲 周海游

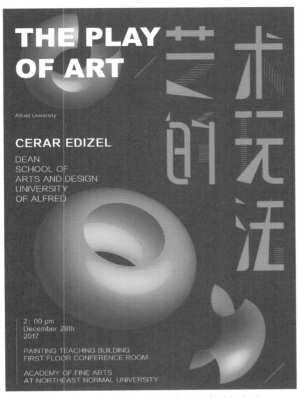

图5-32 艺术的玩法 / 曹歌 / 指导教师 秦旭剑 李健

图5-33 色彩维度 / 刘红莲 单龙威 董屿璇 / 指导教师
颜成宇

图5-34 行走的塑料 / 刘红莲 董屿璇 张煊捷 / 指导教师
颜成宇 战怡凯

图5-32至图5-34 海报设计是多元的、动态的、综合的。海报也不再局限于过去的纸质载体，互联网、手机端和各种数字载体的使用，使海报有了更多的呈现形式。数字媒体技术也使海报在表现形式上更加多样化，实现了技术与艺术的统一。

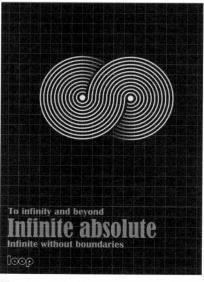

图5-35 苏州码子 / 关昊 / 指导教师 秦旭剑

图5-36 无题 / 关丽娜 / 指导教师 秦旭剑

图5-35至图5-36　海报是主流文化、审美观念和思维方式的反映。这几幅海报设计主题鲜明，视觉冲击力强，富有个性与文化内涵。

图5-37 拥抱1 / 滕瑶 / 指导教师 秦旭剑

图5-38 拥抱2 / 滕瑶 / 指导教师 秦旭剑

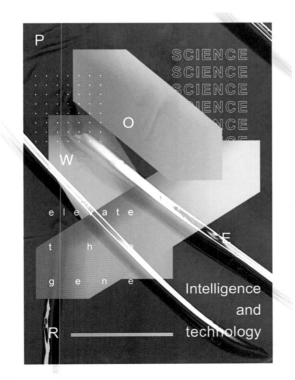

图5-39 无题 / 李特 / 指导教师 秦旭剑

图5-40 涂鸦 / 杜青钰 / 指导教师 秦旭剑

图5-41 洞 / 王安琦 / 指导教师 秦旭剑

图5-42 我爱长春 / 刘立浩 / 指导教师 吴轶博

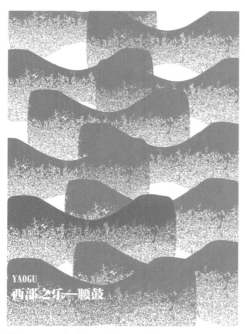

图5-43 西部之乐 / 林雨珊 / 指导教师 李健

图5-44 孕育 / 魏鹏 / 指导教师 吴轶博

图5-37至图5-43 这几幅海报利用构成中的正负形、立体、近似、特异、肌理、重复、发射等手法进行设计，画面简洁，构图均衡，节奏感十足，丰富的视觉效果使海报主题内容更加强烈、深刻。

相关参考资料和信息

一

一、网站：

1. 站酷
2. 昵图网
3. 千图网
4. 古田路9号
5. 花瓣
6. iconfont阿里巴巴矢量图标库
7. 标志情报局
8. LookAE大众脸影视后期特效

二、微信公众号：

1. MANA新媒体艺术站
2. 陆俊毅_设计现场
3. LOGO大师
4. BranD的好奇心
5. Design360
6. 标志情报局
7. 椒盐与刘立伟设计
8. OF COURSE想当然
9. 设计源
10. CKAD交互实验室
11. 交互设计小站
12. 设计学理论

后记
一

基于当下的数字信息技术发展，数字媒体艺术的覆盖范围越来越广，表现方式也越来越新奇。数字媒体艺术形态构成可以说是艺术设计的基础组成部分，融合多种艺术设计元素，多角度地彰显视觉艺术特色，给人以视觉冲击力，从而达到传播和交流的目的。数字媒体艺术具有集成性的特点，融合了文字、图片、声音、视频等多种艺术表现形式，通过集成各种艺术形式的优势及特点，使艺术表现内容更加丰富，深刻影响了传统三大构成的表现形式，推动了构成设计信息化、交互化、多元化的发展。除此之外，数字媒体艺术还具有实时性和动态性，可以融合多元化的艺术表现形式，改变静态艺术表现手法，运用多媒体技术实现设计内容的动态化，进而提升设计的艺术感染力，强化信息传达的设计目的。

综上所述，科技为数字媒体艺术的发展提供了充足的动力，同时也使数字媒体艺术的传播方式发生了变化。平面构成作为视觉审美的核心内容，其中蕴含着丰富的内涵和法则。数字媒体艺术形态构成作为平面构成的延续，为受众带来了多层面的感受，这也说明了艺术设计和数字媒体艺术的结合产生了新突破，数字媒体艺术在艺术设计中呈现集艺术性、互动性、综合交叉性为一体的展示方式。数字媒体艺术与构成互相影响、互相联系，我们应该不断学习与探索，带着新的创新手法和创作手段，为设计打造出更广阔的展示空间，共同走向更加美好的未来。

本教材的编写以多年的教学实践经验为基础，将数字媒体艺术形态构成作为主要内容，坚定"四个自信"在传统的教学模式上进行革新。书中通过理论知识讲解，结合实际案例、多种训练及作品赏析，不仅为学生提供了清晰实用的设计方法，还丰富了平面构成的教学体系；并在具有创新性的教学思路与教学方法之下，以真实生动的教学实践活动充实了书稿内容，以手中之笔讲好中国故事，弘扬中国精神，努力增强中华文化的影响力与传播力，进一步推进文化自信自强，铸就社会主义文化新辉煌。

本书能够顺利地完成，有太多的感谢之情需要表达。感谢为此书提供作品的所有老师，这些作品使本书的内容变得更为丰富多彩。感谢孙大伟老师、董雪老师、崔天旭老师、孙上淇以及笔者的研究生米安琪、姬昕哲、庄潍赫、曹歌、刘一铭、关昊、舒裕潼、李文涛、李丹、王诗涵、韩依凝、谭鑫、姜红霞等同学。凡疏漏和不足之处，恳请读者批评指正，我们将不胜感激！

编著者